U0077519

數位多媒體
技術與應用
Python 實務

翁麒耀、楊政興、王旭正　著

ICG LAB

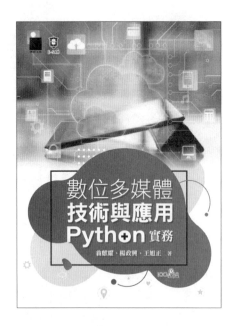

作　　者：翁麒耀、楊政興、王旭正 著
責任編輯：賴彥穎

董 事 長：陳來勝
總 編 輯：陳錦輝

出　　版：博碩文化股份有限公司
地　　址：221 新北市汐止區新台五路一段 112 號 10 樓 A 棟
　　　　　電話 (02) 2696-2869　傳真 (02) 2696-2867

發　　行：博碩文化股份有限公司
郵撥帳號：17484299　戶名：博碩文化股份有限公司
博碩網址：http://www.drmaster.com.tw
讀者服務信箱：dr26962869@gmail.com
訂購服務專線：(02) 2696-2869 分機 238、519
（週一至週五 09:30 ～ 12:00；13:30 ～ 17:00）

版　　次：2022 年 8 月初版一刷

建議零售價：新台幣 560 元
I S B N：978-626-333-215-7
律師顧問：鳴權法律事務所 陳曉鳴律師

本書如有破損或裝訂錯誤，請寄回本公司更換

國家圖書館出版品預行編目資料

數位多媒體技術與應用：Python 實務 / 翁麒耀,
楊政興, 王旭正著 . -- 初版 . -- 新北市：博碩
文化股份有限公司, 2022.08
　　面；　公分

ISBN 978-626-333-215-7(平裝)

1.CST: 數位影像處理

312.837　　　　　　　　　　　　111012225

Printed in Taiwan

博 碩 粉 絲 團　　歡迎團體訂購，另有優惠，請洽服務專線
　　　　　　　　　(02) 2696-2869 分機 238、519

　　「資訊安全」人才培育是近年來政府部會所高度重視與積極推動的課題。本人在「資訊安全」研究領域中已有數十年的經歷，培育出許多畢業生在學術界與產業界中服務。本人目前為國立中山大學資訊工程學系特聘教授兼工學院院長，同時兼任資訊安全研究中心主任，負責資安技術的研發與推廣。也擔任中華民國資訊安全學會理事長，資安學會的任務主要是促進資訊安全之研究、應用與發展，並為社會、企業培育適才適所的優秀資安人才。

　　以自身的經驗而言，淺顯易懂的書籍對於一般讀者欲涉及資安知識與技術是卓有成效之事。本書是學習影像處理與多媒體安全技術的基礎工具書，探討影像處理的演進，以簡單的方式介紹影像的格式，同時運用有趣的模式來說明影像上的謬誤，即眼見不一定為真，並以 Python 程式語言搭配 OpenCV 套件來實作，呼應前面章節。接著，再談論多媒體安全與浮水印技術，讓讀者可以迅速掌握影像處理與資訊安全的關鍵技術。

　　很榮幸能為多年熟識的好友以及在資安研究奉獻之志同道合的學者撰寫序言。作者群在多媒體安全領域中已經深耕多年且有豐碩的研究成果，其專業素養足以涵括影像安全議題。坊間大部份的中文書以介紹多媒體技術或資訊安全技術為主，鮮少有探討多媒體基礎技術及資訊安全應用的中文書，而本書此為主題，由淺入深的介紹基礎知識及搭配範例應用，可供有意學習多媒體安全的讀者參考，謹以推薦。

國立中山大學資訊工程學系特聘教授兼任工學院院長

范俊逸 推薦

推薦序

　　教師在面對學生「數學無用論」的質疑時，資訊技術的應用與發展通常是最佳的駁斥範例。幾乎「無所不能」的電腦，是一純人造的科技產物，其所服膺的理論基礎則是純理型的數學，既然是純人造，小自多媒體影像的編碼定義、處理與應用，都可任由資訊專家巧妙地設定，並將適切的數學工具引入，對於預想的結果，數學說對，就絕不會有誤。而資訊安全議題更是數學應用典範中的完美融入 ---- 我們必須回溯到由中世紀數學家在紙筆世界裡所構築出最「純」的數學皇后：數論（註：「純」字代表不容有實用性的質疑，因這貶抑了完美的境界；當然多少也等於「暫時」找不到應用）。數百年後密碼學將數論的成果引入，再次告訴大家數學神奇的魔力。資訊安全就是這麼樣的奇妙領域，更不消說近年的戰略重要性更將其推展成資訊重點發展領域。

　　本書以數位媒體中多媒體影像知識為發端，除了探討其起源與演進，也逐章介紹多媒體影像的處理技巧，內容包含大家所熟知的各種影像表示方式，同時也介紹了相當有趣的影像謬誤。在影像處理部分，本書將空間域影像處理、頻率域影像處理以及壓縮域影像處理分章介紹，最後則以 Python 影像處理軟體應用完成前五章的合成。接著，以多媒體偽裝展開數位媒體安全的篇章，談其與資訊安全間的實務應用，最終以數位浮水印再探安全議題的深入技術。將多媒體領域與資訊安全互為載體的方式，鋪展這些人造且離數學最近的知識，作者在內容的安排上實有其精妙之處。

在此能為多年熟識的同事及好友為其新著寫序實是榮幸，三位作者治學嚴謹，在多媒體及資安領域深耕多年，同為系上同事的政興老師、麒耀老師更常是利用夜間籌組團隊培訓學子，為資安領域人才培育身體力行；旭正老師更是在資安學會裡發揮不小的影響力。目前全面性介紹多媒體基礎知識並將其應用及安全有較深入探討的中文書實是不多，本書以此為題，內容講解由淺入深舉例具體，非常值得有意學習多媒體與資訊安全知識的人士參考，謹此推薦。

國立屏東大學電腦科學與人工智慧學系教授兼任資訊學院院長

王朱福 推薦

序言

本書數位媒體技術與應用：Python 為數位媒體相關理論與實務上所涉及的概念作介紹。在本書中，共分成三大部分：「數位媒體處理篇」、「影像媒體與應用篇」與「多媒體安全技術篇」。從最基本的數位影像概念直至近年來媒體傳遞、影像處理軟體及多媒體安全技術上最新主題／應用／趨勢皆囊括於其中。

在第一部分「數位媒體處理篇」中，說明數位化影像的起源及探究數位影像處理的基礎與發展。第一部分的安排裡亦介紹在空間域、頻率域、壓縮域的各種不同的數位影像處理的相關技術／原理／發展，使讀者能具備數位影像的基礎，藉此得以對數位媒體中的圖像，其背後所隱藏真相的探索更具備紮實基礎。對於解析與探究數位媒體的原理已經不是遙不可及的夢，具備紮實的理論基礎也可創造自己的數位圖像。

第二部分裡安排「影像媒體與應用篇」。內容則泛談數位圖像於現今網路世界中為人們帶來的日常生活上及其應用的相關議題。首先，介紹偽裝影像的另類秘密通訊技術－載體與偽裝的議題。不同的載體運用不同的偽裝技術，讓它滿足資訊安全的需求。接著，討論目前智慧財產權保障上的應用與解決之道。有鑑於現今電腦網路使用率的普及且智慧財產權的相關議題日漸受到重視，因而本書介紹與大家生活上息息相關的數位圖像之智慧財產權議題，如：數位浮水印技術與浮水印工具等。面臨防止與預防智慧財產權的威脅，讀者可利用本部分所介紹的工具做為你或妳的數位圖片的防護。讀者輕鬆的操作本書所介紹軟體工具，讓你／妳的數位圖片可有效的防護，免於被盜用的情境。

第三部分「多媒體安全技術篇」中，說明影像分享技術及探究數位媒體安全的基礎與發展。第一部份的安排裡亦介紹在黑白影像、灰階影像、彩

色影像的各種不同的視覺安全系統的相關技術，讓讀者能瞭解人眼視覺系統不需要複雜的計算成本即可解讀出重要的資料。接著，介紹偽裝技術在空間域、頻率域、壓縮域及加密域的相關技術／原理／發展，使讀者能瞭解多媒體安全技術其背後所隱藏真相的探索且更具備紮實基礎。

這本書提供了有關影像處理與多媒體安全領域中的廣泛介紹，也提供了我們的看法與想法，乃至於我們所認為可行對策。這可能是我們的洞見，也可能是我們的一廂情願。實情為何，都是需要大家共同去思考，並不吝於提供建議，方能使我們所提出解決方案更為完備。此次，利用 Team Work 的方式，將所知及所學以文字方式杜撰成為篇章。在影像處理及資訊安全應用領域的推展上，略盡棉力。然在文章的編撰與校稿過程中，難免會有些遺漏與疏失，望請各位先進與前輩能不吝指出須改善的地方。

本書章節的編撰，藉由屏東大學電腦科學與人工智慧學系（原資訊科學系）翁麒耀、楊政興，以及中央警察大學工作室（ICCL & Secforensics, https://iccl.secforensics.org/）的研究群之合作結果。在群策群力、積極規劃與共同合作下終得呈現給讀者。也要感謝 ICCL 及合作研究群所有人員的全力參與，使得本書得以順利付梓。並盼此書得以為科技發展／研究之文獻做粗淺整理，以為相關領域的參酌。

翁麒耀、楊政興、王旭正 謹識

JULY, 2022

作者簡介

翁麒耀 Chi-Yao Weng

國立清華大學資訊工程博士。現任國立屏東大學電腦科學與人工智慧學系（原資訊科學系）副教授。研究興趣為多媒體應用、數位浮水印技術、機器學習、影像辨識。作者已發表多篇多媒體安全與影像處理相關國際期刊論文。作者目前亦為社團法人台灣 E 化資安分析管理協會（ESAM，https://www.esam.io/）秘書長。

楊政興 Cheng-Hsing Yang

國立台灣大學電機博士。現任國立屏東大學電腦科學與人工智慧學系（原資訊科學系）教授。研究領域為資訊安全、演算法、密碼學、多媒體安全。曾任中華民國資訊安全學會常務監事。作者目前亦為社團法人台灣 E 化資安分析管理協會（ESAM，https://www.esam.io/）監事主席與中華民國資訊安全學會理事。

王旭正 Shiuh Jeng WANG

國立台灣大學電機工程學博士。現任中央警察大學資訊系教授。研究領域為資安分析、資訊鑑識與數位證據、資訊安全與管理、密碼學。曾任中華民國資訊安全學會副理事長。目前是情資安全與鑑識科學實驗室（Intelligence and SECurity FORENSICS Lab.，簡稱 SECFORENSICS，https://www. secforensics.org/）、資訊密碼與建構實驗室（Information Cryptology and Construction Lab.，簡稱 ICCL）主持教授，帶領研究團隊，自 2007 開始至今定期為資訊科技類雜誌，如《網管人》雜誌撰寫技術專欄，2021 開始為法務部調查局撰寫資安生活科技專欄 https://www.mjib.gov.tw/eBooks。

作者多次以國際訪問學者身分至美國各大學進行學術研究工作。著有十餘本數位資訊著作，包含《數位鑑識與證據》、《資訊與網路行動安全》、《多媒體安全與影像處理應用》等相關專書。並審校《巨量資料安全技術與應用》、《雲端運算安全技術與應用》等資安新趨勢與應用書籍。此外並撰寫／著述科普讀物《認識密碼學的第一本書》（中國大陸簡體版《給祕密加把鎖》，西苑出版社）。

作者目前亦為社團法人台灣 E 化資安分析管理協會（ESAM，https://www.esam.io/）理事長（ESAM，https://www.esam.io/wang/）與中華民國資訊安全學會常務理事。

目錄

Part 1 · 影位媒體處理

Part 2 • 影位媒體處理

06 數位媒體安全

07 效能分析與評估工具

08 多媒體生活與應用

Part **3** • 影位媒體處理

09 多媒體視覺安全系統

10 影像偽裝技術 – 有損式

11 影像偽裝技術 – 無損式

12 加密影像偽裝技術

1

影位媒體處理

數位媒體介紹

導讀 >

拜現今電腦與網路科技發展之賜，數位多媒體廣泛的使用在各種專業領域，包括天文、地理、醫學、工程、資訊等各種專業領域，都息息相關。網路雲端的蓬勃發展，數位多媒體在任何時間、任何地點，無時無刻的都在散播傳遞，智慧型手機也是其中推手，透過手機的照相功能可以隨時隨地將看到的美景，朋友聚餐時的歡樂時光，拍照留念或錄製影片，並發佈到社群網站，與眾多好友分享，是件輕而易舉的事。但看似容易的數位媒體的製作與處理過程，大家都只知皮毛，未能充份了解。本章節將探討數位媒體中的影像起源與演進，並在第二章至第五章有更深入的介紹各種數位影像處理技巧。

◀ 前言 ▶

　　科技的發展與進步，目前幾乎人手一機（數位相機或照相手機），使得數位影像大量的產生。在這之前，數位影像的起源與歷史，是個有趣的演化，從早期的電報傳遞，到現今的無線網路、光纖網路，經歷了近百年，才有如今的便利。各大領域也因此受惠，天文、地理、醫學、氣象等，也因數位影像的發展，在其各自領域，有極大的進步與演進。影像色彩也從黑白數位影像到灰階數位影像，再從灰階數位影像到彩色數位影像，讓人們在視覺上有更大的享受與較好的影像品質。在深入了解數位影像處理之前，讓我們先來了解什麼是數位媒體及數位影像的起源、歷史與其應用。

1.1 多媒體的簡介

　　數位媒體（digital media）或多媒體（Multimedia），它們是把媒體用數位形式來編碼與傳播。當媒體為數位化時，可以把媒體建立在電腦上進行瀏覽、修改、和儲存等各種操作。因為是數位化，再加上網際網路技術的普及，傳統平面媒體慢慢轉變成數位媒體，一些媒體形態與傳播方式也逐漸在改變，就像多媒體傳播速度相較一般的平面媒體，如：實體書、報章雜誌等，還要快速許多，也因此，目前有些商業上的傳播已慢慢的從平面實體轉型到數位化，這樣的改變為傳統的平面媒體產生了重要的影響。

　　數位媒體泛指所有數位化的媒體檔案，如：文字、圖片、聲音、或是地圖…等。而有些學者認為多媒體就是結合二種或以上的媒體所產生的互動式資訊交流與傳播媒體時使用的的內容，包括文字、圖片、聲音、動畫或影片等。也有些學者認為多媒體就是數位媒體就是多媒體二者沒有什麼太大的差異。近年來，數位媒體的資訊化發展，同時也讓不同的媒體資訊實現了數位化的轉換，造就了數位媒體離不開各種多媒體軟體，讓多媒體軟體的操作不再是專業化，慢慢轉向平民化，讓操作愈來愈簡單，而因降低了不同媒介之間的技術門檻，讓不同資訊的交流變得更加容易。

　　多媒體應用的層面非常廣泛，已經涉及至人文藝術、教育、娛樂、廣告、工程、商業及科學研究等領域。在商業應用上，商家可以利用多媒體網頁，將廣告以聲音、動畫的互動方式來呈現，吸引使用者的目光，同時也可以提供使用者更多的商品資訊，若是讓使用者在操作上需等待一段時間，則可以採用播放多媒體的廣告，讓使用者不會覺得等待時間過長。在教學應用上，利用多媒體，除了可以讓學生增加自我學習的機會，透過多媒體的互動

性，更可以吸引學生的注意力，提生學習興趣與對知識的吸收，以增加學習成效。除此之外，多媒體還可以應用在數位典藏、數位圖書館、數位科學博物館、虛擬博物館等領域，目前部份縣市政府在執行科技執法或是交通監控等，也是運用多媒體技術進行相關監控與執法。

1.2 影像處理的發展背景

數位影像首次出現在 1920 年代，當時的報社利用海底電纜傳送數位照片，只需要兩三個小時就可以將照片從倫敦，經過大西洋的海底電纜，抵達紐約報社。但在這之前，至少需要一個禮拜以上，才能將照片送達報社。這中間浪費了許多的時間，無論這照片是經由船運、空運或是飛鴿傳書等方法，都讓資訊流通速度降低許多。數位化影像的特色，開始讓人類生活水準提高，可能只需要 1 秒鐘，就能將資訊從地球南端發送到地球北端。圖 1-1 為在 1921 年透過海底電纜的數位照片，此照片是透過採用巴特蘭（Bartlane）電纜圖片傳輸系統達成，影像品質較為粗糙。在 1929 年，影像品質從五個亮度準位提高到十五個亮度準位，影像品質也相對較精緻。圖 1-2 為當時的巴特蘭（Bartlane）機器。圖 1-3 為當時從倫敦發送到紐約的照片，照片具有十五個亮度準位的水準，與圖 1-1 相比，影像品質相對較好。

圖 1-1　1921年透過海底電纜傳送的數位影像

圖 1-2　巴特蘭（Bartlane）機器，此款具有
　　　　五個金屬打印孔

圖 1-3　在 1929 年，利用十五個亮
　　　　度準位所產生出來的數位
　　　　影像

　　電腦發展了數以百年，但在 1960 年代，才首次
使用電腦來進行影像處理。美國太空總署在 1964 年 7
月時，利用太空飛行器（Ranger 7）所拍攝的月球影
像，並透過影像處理來修補和加強照片。在 1960、70
年代左右，醫學影像處理也開始起步，醫學影像主要
著重在 X 光，讓醫生更容易的了解病患的生理狀況，
也提升醫學科技的技術，如圖 1-4。在保安方面，自
從美國九一一攻擊事件後，世界許多各大機場為了加

圖 1-4　X 光醫學影像

強飛行安全，在機場設置了 X 光透視機，來確保飛行安全。當恐怖攻擊者身
上帶有違禁品，想要進入飛機上，更是難上加難。對於維安方面，也多了一
道防線，如圖 1-5。另一方面，影像處理對於氣象方面也有重大的貢獻，大
家最常看到的莫過於是在颱風來臨或是鋒面報到的時候，大家關注著衛星雲
圖的變化來了解颱風的走向，聽著氣象播報員講解，搭配衛星雲圖來讓民眾
們準備防颱措施，如圖 1-6。

圖 1-5　英國曼徹斯特機場所使用的掃描　　圖 1-6　中央氣象局所提供的紅外線衛星
　　　　設備　　　　　　　　　　　　　　　　　　　雲圖

　　在交通方面，近這一兩年來，行車紀錄器的盛行，駕駛紛紛安裝行車紀
錄器在車上，以確保發生車禍時，有多一層的保障。但由於是錄影畫面，在
車牌辨識上可能較為薄弱，此時可以透過影像修補技術，將車牌辨識出來。
在地理方面，影像處理也有舉足輕重的地位，在 2010 年，台灣國道三號發
生走山意外，利用衛星空拍圖來比較，走山前與走山後的景象，更是讓人
觸目驚心，如圖 1-7。影像處理發展至今，許許多多的應用，不勝可舉，在
2011 年，美國海軍突襲蓋達組織首腦賓拉登，槍擊身亡，網路上流傳賓拉登
的死亡照，結果經比對後，才發現是利用賓拉登生前的照片，經過影像處理
合成照片，如圖 1-8。由上述可知，在人們的日常生活中處處可見，也是最
容易被忽略的一環。這也是為什麼許多人都知道影像處理，而不知道其內涵
的原因，在後面的小節中，將介紹數位影像資料格式與表示法，讓讀者更加
了解數位影像的儲存方式。

圖 1-7　國道三號走山空拍圖

圖 1-8　左圖是網路上流傳的賓拉登死亡
　　　　照，右圖是賓拉登生前照

1.3 影像格式與表示法

　　影像的基本單位是像素（Pixel），像一般的螢幕解析度 1024*768 Pixels，如圖 1-9，也就是寬總共有 1024 個像素點，長總共有 768 個像素點，相乘後產生一平面大小為 1024*768＝786432 個像素點來表示。當一平面像素點愈多，解析度愈好，是可想而知的結果。相對的，其容量大小也較大。

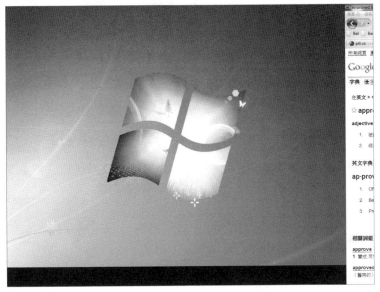

圖 1-9　1024*768 的電腦螢幕桌面

影像類型依照色度表現的精緻程度又可分成黑白影像、灰階影像、與彩色影像：

一、黑白影像（Binary image）

每一個像素點只有兩種選擇，也就是用 1 個位元來表示，不是 0 就是 1，不是黑就是白，故稱黑白影像。黑白影像雖顯示的顏色只有兩種，但在不需要太多顏色的應用上，像是二維條碼，QR Code（Quick response code）表示上仍是相當足夠的，圖 1-10 為一張含有 ICCL（Information Cryptology & Construction Lab）的 QR code。在條碼掃描方面，黑跟白是最佳的表示方式，辨識能力也是最佳的情況。若用在一般影像上，如圖 1-11，影像 Baboon 在識別上就有嚴重的問題，像是眼睛的地方缺少灰度或彩度來顯示，接下來我們介紹灰階影像與彩色影像，讀者就可以知道差異之處。

圖 1-10　內容為 ICCL 的　　　圖 1-11　Baboon 黑白圖片，影像大小
　　　　　QR Code　　　　　　　　　　512*512

二、灰階影像（Gray image）

灰階影像每個像素點一般使用 8 個位元來表示，也就是利用 0~255 來表示黑與白之間的變化像素，若 0 代表全黑，255 代表全白，中間 1~254 像素愈趨向 255，所示的灰色就愈淡，如圖 1-12，其中有 2^8 ($=256$) 種灰度來表現色度的變化。中間 1~254 像素愈趨向 0，所表示的灰色就愈深。灰階影像也可以用 2、4、6 不同的位元來表示。由於早期的儲存空間不能跟現在儲存空間相提並論，所以早期的監視器都是儲存成灰階影像，灰階影像可以將物體的輪廓清楚展現，也可以利用漸層顏色來表現出物體顏色的深淺。圖 1-13 可以發現灰階的表示影像跟圖 1-11 差別很大，灰階圖片能表示的顏色變多，圖片變得有漸層的感覺，輪廓也清晰可見。

0　　　　　　　　　　　　　　255

圖 1-12　8-bit 灰度色階表

圖 1-13　Baboon 灰階圖片，影像大小 512*512

三、彩色影像（Color image）

　　每個像素點包含了 RGB 三種原色組成，RGB 三原色分別代表紅色RED、綠色 GREEN 及藍色 BLUE。每一種原色，也是由 0~255 的數值所產生，若紅色的數值為 0 就代表這個像素點是沒有紅色這個原色的成份，紅色為 255 就代表這個像素點，有最飽滿的紅色原色存在。全彩模式（24 位元）也就是在說明三種原色，每一種原色有 8 位元的表示空間。圖 1-14 彩色的 Baboon 圖

圖 1-14　Baboon 彩色圖片，影像大小512*512

片，色彩豐富許多，利用了 RGB 三原色組成多種顏色，也使得圖片更加鮮豔。以上說明 RGB 的色彩格式，接下來介紹另外一種 CMYK 的色彩格式，這兩種格式分別存在於不同領域，RGB 用於螢幕顯示，CMYK 用於印刷輸出，圖 1-15 說明 RGB 與 CMYK 的顏色關係圖。當將彩色影像列印時，大家可能都遇過，螢幕上面顯示的色彩很漂亮，但是印表機卻印出醜得要命的色彩，問題就出在這，RGB 與 CMYK 的差異性。印刷是用青（C, Cyan）、洋紅（M, Magenta）、黃（Y, Yellow）、黑（K, Black），四色油墨來印刷，能呈現的顏色比 RGB 所呈現在螢幕上的顏色的還要少，所以當需要印出彩色影像時，直接使用 CMYK 來調配顏色是最佳的選擇。CMYK 屬於顏色相減模式，數值越高越接近黑色，相反的，RGB 屬於顏色相加模式，數值越高越接近白色。CMYK 是利用印刷的方式所表現，所以當很多顏色聚集在一點，那一點就會呈現黑色，但是 RGB 是利用光源來呈現，當很多顏色的光源打在同一點上，那一點會變成很刺眼的白色，若沒有光源，則是黑色。RGB 跟

CMYK 的顏色，剛好是互補的，如果在螢幕上看到紅色，要印出紅色，則需要用到黃色跟洋紅色才能印出。如果在螢幕上看到綠色，要印出綠色，則需要用到黃色跟青色才能印出。如果在螢幕上看到藍色，要印出藍色，則需要用到洋紅色跟青色才能印出。

(a) RGB 模式　　　　　(b) CMYK 模式

圖 1-15　RGB 與 CMYK 的關係圖

這三種類型，在相同條件下，影像容量較大的當然就是彩色影像，其次是灰階影像，最後是黑白影像。在容量較大時，可以藉由影像處理壓縮方式（壓縮方式將在第四章介紹），來將影像做些許的調整。這種調整一般來說，人類的視覺系統是無法察覺出來的。目前影像上面有許多種格式，像是 BMP、JPEG、GIF、PNG、RAW、TIFF 等，在這些格式中，各自有各自的特色，優缺點，如何從中選取適當的格式使用，可以參見下方。

1. BMP（Bitmap）

是微軟公司所提出的點陣圖格式，BMP 影像普遍，可以支援 RGB 全彩模式，但是卻無法壓縮全彩影像，存檔後會變得很大，非常不適用於網路傳輸上。當個人網頁放置一張 BMP 的圖檔時，網頁載入速度勢必被拖慢。但因 BMP 格式是由微軟開發出來的格式，所以支援所有的 windows 系統（包含舊系統）。此即為 BMP 格式的優點。

2. JPEG（Joint Photographic Experts Group）

網頁常用的圖形格式，因為 JPEG 的特色是高壓縮率，原本 3MB 的圖片轉換成 JPEG 檔後可能只剩幾百 KB 的影像。但由於 JPEG 是屬於破壞性壓縮，因此可能造成圖片失真。在轉換過程中，壓縮率是一個主要影響影像成敗的關鍵因素。若設定壓縮率太高，可能造成人類視覺上會有感覺到影像失真。

3. GIF（Graphics Interchange Format）

目前網頁最常用的影像格式，其特色是採用交錯圖顯示出現，讓使用者不會感受等待太久的時間，也可以製作成透明背景圖或將多張 GIF 圖片合併成一個 GIF 當成動畫顯示。GIF 主要透過調色盤數量來決定影像大小，適合用在網路傳遞或網頁設計的影像應用上。但 GIF 最多只能儲存 256 色的色彩數目，是 GIF 的致命缺點。

4. PNG（Portable Network Graphics）

由於 GIF 有權利金的問題，所以 PNG 就成了免費的替代品。GIF 的優點 PNG 都有，唯一沒有的是動畫問題。早期的 PNG 是無法設計出動畫，但在 2008 年，推出了一種新的格式 Animated Portable Network Graphics (APNG)，是一種 PNG 的延伸格式，將其無法設計成動畫的缺點做個改善。APNG 可以設計出跟 GIF 格式一樣的動畫，讓 PNG 格式可以更為強大應用上更為方便。

5. RAW

RAW 圖片是最單純的影像，沒有任何的標頭檔也沒有任何的壓縮處理。RAW 檔的每個像素點，一般被記錄為 12-bit 或 14-bit 的訊息。位元數越高，檔案容量越大。但也因為 RAW 的檔案格式處理較有彈性，許多人或是攝影師都推崇 RAW 檔當作儲存格式。

6. TIFF（Tagged Image File Format）

在 1980 年代，掃描器廠商為了統一標準格式，提出了一個公用的掃描圖檔格式 TIFF。在剛開始的時候，因為當時的桌面掃描器只能掃瞄出黑白的

影像格式，所以 TIFF 還只是一個黑白影像格式。但隨著掃描器的功能愈來愈強大，TIFF 逐漸支援灰階影像和彩色影像。TIFF 有三大特點：

(1) 可應用於多種工作平台，並具有跨平台能力。

(2) 提供多種壓縮策略。

(3) 具有豐富的色彩支援。

在介紹完常見的影像格式後，接著介紹影像的表示方式，讓讀者進入這一個色彩多變的二維影像。一張影像圖片通常是二維的平面圖，如圖 1-16，一張黑白圖片或灰階圖片的每一個方格，都可以存放一個像素值，黑白影像利用 0 或 1 來表示，若為灰階圖片，則可以用 8-bit（0~255）的範圍來表示灰色的深淺，$I(x, y)$ 則代表位置在 x, y 的像素值，圖片寬度為 x，

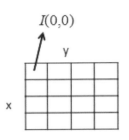

圖 1-16　影像的組成

長度為 y。圖 1-17 為 Lena 512*512 的灰階圖片，若將眼睛部分放大來看，沒放大時，眼睛的部分看起來很精緻、細膩，放大後，我們可以清楚的看出每一個像素點，這些像素點的值，介於 0~255 的範圍。但彩色圖片就有所不同了，可以想像成一張彩色圖片，由三種顏色重疊而成，如圖 1-18，第一層為紅色 Red，中間層為綠色 Green，第三層為藍色 Blue 所表示而成。

圖 1-17　Lena 灰階圖像

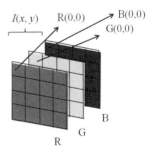

圖 1-18　彩色影像的組成

1.4 影像謬誤

我們了解影像表示系統後,接下來介紹一些有趣的影像。這小節將讓讀者更加了解影像上所造成的迷思。日常生活中,許多的影像會造成另外一種的錯覺,像八卦雜誌的錯位照,或是影像利用色彩配置造成的視覺迷思,都是影像上相當有趣的議題。

範例 **01**

圖 1-19 總共有三個不同顏色的正方形,而裡面都有一個灰色的正方形,透過這張圖,可以發現最左邊裡面的灰色正方形亮度比較亮,最右邊的灰色正方形是在淺色的正方形內圈,將較之下,亮度是差不多亮的。但是,實際上三個內圍的灰色正方形,都是同一個顏色,亮度都是一樣的。影像處裡使用上的技巧,有很多種方法,這是其中一種,透過周圍影像的顏色,來產生視覺修正的技。

圖 1-19 影像透過周圍顏色,使得視覺上亮度的提升

範例 **02**

另一張圖,圖 1-20,這張圖利用了許多直線來畫製,人類視覺上來看,感覺是錯綜複雜的直線,但實際上,他們卻是垂直 90 度的線、水平 180 度的線和四條平行線所構成的。經由影像設計的處理,造成人類視覺上產生多種角度的直線。

圖 1-20 錯綜複雜的線,它們是平行的嗎?

範例 **03**

圖 1-21 是利用了兩個箭頭符號,來讓視覺
上有所變化,造成上方線條比下方線條還要長
得錯覺。這些錯覺的產生,往往是經過影像處
裡的應用,造成的。

圖 1-21 是否兩條等長的線?

範例 **04**

圖 1-22 利用黑白影像,讓視覺產生兩種鞋子,是女人的高跟鞋還是男人
的皮鞋呢?直著看,可以看出女人穿著高跟鞋,但是反過來看呢,就變成穿
西裝褲的男人穿著的皮鞋了。光是黑與白,兩種顏色,就能產生出這麼奇妙
的影像,更何況是灰階影像呢。

圖 1-22 是女人的高跟鞋?還是男人的皮鞋?

範例 **05**

　　圖 1-23，一張灰階影像躲了兩個傳奇人物？ 左邊的影像可以看出是知名的科學家愛因斯坦，前提是讀者沒有近視，近距離觀賞，但是如果讀者近視沒戴眼鏡，或是把書本放到 2 公尺以外的距離觀賞，就變成美國 20 世紀著名的電影女演員瑪麗蓮夢露。為了方便讀者察覺出來，右邊的影像是將左邊的影像進行模糊化所產生的結果，讓讀者不用脫掉眼鏡，不用把書拿遠，就可以看出瑪麗蓮夢露。

圖 1-23　同一張圖，你看到誰呢？愛因斯坦還是瑪麗蓮夢露？

1.5 結語

　　數位媒體應用隨著科技的發展，讓越來越多人在關注如何將數位影像翻修、修片等，在這之前我們先了解數位影像的發展與應用與目前影像多種的格式，對於後面章節的介紹影像上的頻率域、空間域、壓縮域以及影像處理中常用的技巧，有一定的幫助與輔助。不同的影像格式，在應用方面也會有些不同，傳遞空間與頻寬有限時，可以利用高壓縮的影像格式來處理。當需要保存較完整的影像資訊時，可以利用較原始的影像格式加以處理。

問題與討論

1. 舉例說明數位影像處理的用途。

2. 列表比較 RAW，BMP，JPEG 格式。

3. 利用 Python 語言撰寫一程式，將灰階影像讀入，並嘗試調整像素值，輸出修改過後的影像。

4. 說明解析度與像素值。

5. 舉例說明兩種以上黑白影像、灰階影像、彩色影像的應用。

6. 網路上很多免費自行製作 QR code 的網站，請製作一個屬於自己的 QR code。

MEMO

空間域影像處理

導讀 >

影像處理的過程中，較為直覺的方式，不外乎是空間域影像處理的技術。空間域影像處理是直接針對像素值進行處理，不同的調整方式，不同的濾波技巧，都將於本章節中探討介紹。利用灰階影像來輔助說明影像處理技巧，讓讀者可以迅速進入空間域的奇妙世界。

前言

頻率域影像處理的技巧，相對於空間域影像處理稍有技巧，也須多些邏輯推想空間，所以我們先了解空間域處理。空間域影像處理的概念，很直覺也很直觀，就是將影像的像素值加以修改、調整、變化，而產生另一張處理過後的影像。針對不同的應用，有不同的處理方式，影像太黑，可以透過調整來變亮，太白，也可以透過調整來變暗，或是想要把影像依應用做調整，諸如模糊化、銳利化，都可以在像素值上加以直接處理。

2.1 空間域介紹

每一張數位影像，皆是二維陣列的矩陣所組成的，每一個像素值，皆可用 $I(x, y)$ 所表示，如圖 2-1。空間域影像處理可以表示成公式 (1)，T 為轉換技術，當影像進行轉換時，轉換技術都會輸出一個新的像素值，$I(x, y)$ 為原始像素值，$G(x, y)$ 為轉換過後新的像素值。

$$G(x, y) = T [I(x, y)] \tag{1}$$

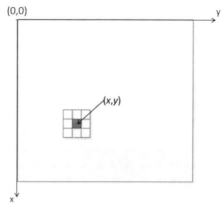

圖 2-1　二維影像像素示意圖

範例 01

我們利用一張「Lena」的圖片來做說明，圖 2-2 為一張 512*512 大小的「Lena」圖片，其中我們放大紅色框的部分為圖 2-3。圖片大小是 512*512，所以 x 和 y 的範圍為 0~511，圖 2-3 為 $x=249$ 到 286，$y=255$ 到 276 的範圍，其中指出一點，如圖 2-3 紅色圈起來部分是眼睛最黑之處，其像素值位置可以用 $I(265,264)$ 來表示。$I(265,264)$ 的像

圖 2-2　512*512 灰階影像「Lena」

素值為 0，T 表示目前處理模式，假設是將像素值設為 0，也就是經過 T 處理後，$I(265,264)$ 的像素值變成 255，如圖 2-4。上述是一個很簡單的空間域

影像處理的例子，利用這個例子讓讀者有簡單清楚的空間域影像處理概念。
空間域影像處理是如此的簡單，從上述例子，可以發現 T 在空間域影像處理
過程中，是扮演一個很重要的角色。我們也可以輕而易舉的將影像變亮、或
是變暗，圖 2-5 所示，圖 2-5(a) 為原始的「Lena」，圖 2-5(b) 為增加亮度的
「Lena」，圖 2-5(c) 為減少亮度的「Lena」。

圖 2-3　放大圖 2-2 紅色區塊

圖 2-4　經過 T 轉換後的紅色區塊

(a)　　　　　　　　　　(b)　　　　　　　　　　(c)

圖 2-5　簡單的亮度調整，(a) 為原始「Lena」，(b) 為原始「Lena」每個
像素值 +15 個單位，(c) 為原始 lean 每個像素值 -19 個單位

經過以上介紹的空間域影像處理，讀者有一定的概念後，接下來我們在
後面小節會陸續介紹其他空間域影像處理的使用技巧。

2.2　像素的秘密

　　在這小節，將會介紹像素值。空間域影像處理的技巧，就是玩弄著像素值，那我們更必須要了解像素值。像素值自己本身會透漏一些秘密。

範例 02

　　圖 2-6(a) 是原始灰階 8-bit 的「Baboon」，圖 2-6(b) 則是最高位元（就是最左邊的位元），顯示出來的影像，若最高位元為 1，則顯示白色，為 0，則顯示黑色。假設一個像素值為 188，轉換成 8-bit 的二進制表示為 $(10111100)_2$，最高位元是 1。以此類推，圖 2-6(c) 是第二高位元，圖 2-6(d) 是第三高位，…。從圖 2-6 來看，當越接近最高位元時，能呈現出的「Baboon」圖形，較為明顯。若為最低位元，所能呈現的「Baboon」圖形，可以說是完全沒有，無法看出其所以然。「Baboon」的八個位元平面，到了第六高位元時，已經完全無法看到輪廓了。由此可見，最高位元最能表現出圖形本身的結構，所以當進行影像處理時，必須很小心地使用最高位元。圖 2-7 說明一張 8-bit 灰階圖形的最高位元與最低位元的關係，許多資訊隱藏技術，都是利用最低位元，也就是最不重要的位元來進行資訊隱藏，因為就算把最不重要的位元省略掉，忽略掉，影像本身結構不會因此有很大改變。利用這個特色，來將機密訊息藏入像素值內，這部分，在本書第二部分訊息隱藏處，會詳細地講解。上述利用 8-bit 灰階圖形來說明，在彩色圖片 RGB 中，也是相同的概念，每一個原色（R，G，B）都有自己的 bit plane，最後再將全部的 bit plane 組合起來成為我們所看到的彩色圖形。

(a)   (b)   (c)

(d)   (e)   (f)

(g)   (h)   (i)

圖 2-6 「Baboon」的 bit plane

圖 2-7　8-bit 像素值最高位元和最低位元示意圖

2.3　像素的統計方式

在上面小節，我們了解到像素值的秘密後，接下來我們要更進一步的利用統計直方圖（Histogram）表示法的技巧，來針對影像進行處理。

範例 03

我們還是用 8-bit 灰階影像來說明其概念，8-bit 灰階影像的像素值範圍落在 0 到 255 之間，利用統計方式，將像素值 0 到 255 的出現次數，產生一張直方圖，如圖 2-8 所示。圖 2-8 為「Girl」灰階影像的統計直方圖，最小的像素值為 10，最大的像素值為 224，最高點為像素值 175，總共有 3739 個像素值都是 175。統計直方圖可以呈現出很多資訊，若最高峰點偏向像素值 255 時，我們可以知道這張影像是偏亮的，相對的，峰點偏向像素值 0，影

像是偏暗的。灰階影像「Girl」第一眼看到時，可以明顯感受到背景牆壁的高亮度，使得統計直方圖為右偏的山峰。

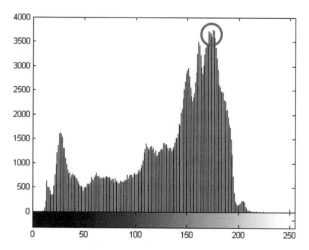

圖 2-8　灰階影像「Girl」的統計直方圖

在了解統計直方圖如何產生後，我們開始深入了解統計直方圖，利用灰階影像「Tiffany」來說明，將「Tiffany」做些影像處理，調整亮度，調整對比度，來看統計直方圖有甚麼變化。

範例 **04**

圖 2-9(a) 是原始「Tiffany」的 8-bit 灰階影像，從統計直方圖來看，像素值偏向 255 的方向，其主因是因為「Tiffany」本身圖片偏白的結果，像素值落在 150 到 240 居多。圖 2-9(b)~(e) 是利用圖 2-9(a) 來做影像處理的動作。圖 2-9(b) 使用了調整亮度，增加了 15 個單位，很明顯地看出統計直方圖跟原本正常的灰階影像已經差別很大。經過影像處理的影像，統計直方圖會集中在某幾個像素值，不像原本的統計圖，像素值幾乎分布在 150 到 240之間。由於是增加亮度，圖 2-9(b) 的像素值也是偏向像素值 255 的部分。圖2-9(c) 是調整亮度，將亮度減少 60 個單位，可以看出其統計直方圖是偏向

0，黑色的那一邊。圖 2-9(d) 是經過對比調整，將對比強度增大 70 的單位，可以看出其輪廓相較其他張圖片，輪廓非常明顯。圖 2-9(e) 是經過對比調整，將對比強度減少 70 的單位，當對比度下降時，輪廓就不明顯了。

(a)

(b)

(c)

(d)

(e)

圖 2-9　灰階影像「**Tiffany**」經過不同影像處理後的統計直方圖

2.4　空間域濾波器的介紹

經過前幾節的介紹，對於空間域的影像處理方式與透過統計直方圖來了解影像有相當的瞭解後，在這小節，介紹許多常用的空間域濾波與其特色。

2.4.1　影像負片 Image Negatives

影像負片顧名思義就是，亮變暗而暗變亮，在 8-bit 灰階影像中，其像素範圍是 0 到 255，影像中具有 255 數值的像素會更改為 0，而數值為 10 的像素會變成 245。可以看出這是蠻簡單的一種影像處理方式，公式如 (2)

$$G(x,y) = 255 - I(x,y) \qquad (2)$$

其中 $G(x,y)$ 是經過處理後的像素值，$I(x,y)$ 是原始的像素值。圖 2-10 為負片處理轉換的範例，當輸入的像素值為 10，則輸出的像素值會是 245；當輸入的像素值為 205，則輸出的像素值會是 50。負片影像處理常用在醫學影像中，由於 X 光片是黑色底，當檢視數位 X 光片的時候，若將影像經過負片處理後，X 光片容易看得比較仔細。

範例 05

我們用圖 2-11，「Peppers」來說明負片的效果，圖 2-11(a) 為原始的「Peppers」，圖 2-11(b) 為經過負片處理的「Peppers」。原始的「Peppers」有些部分有光澤，所以在影像上會產生比較對比的亮度，經過負片處理後，那些比較特別的亮度會因為公式轉換，變成較為深色的像素值。一看經過負片處理的「Peppers」，很容易清楚的看出圖片較不同的地方。在醫學影像上，X 光片照出身體上某些病變處，經過負片處理後，醫生就可以容易判斷結果。

圖 2-10 負片處理轉換

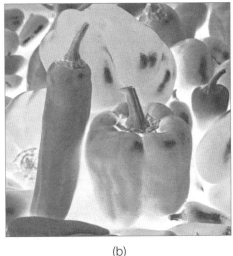

(a)   (b)

圖 2-11 「Peppers」的負片處理

2.4.2　對數轉換 Log transformations

在國中數學裡就提到的對數轉換，也可以拿來使用在數位影像處理當中。沿用公式 (2) 的變數，對數轉換的公式如公式 (3)

$$G(x,y) = c*log(1 + I(x,y)) \tag{3}$$

對數轉換的特性是將影像比較暗的地方，透過對數轉換，可以提升為較亮的像素值。

範例 06

如圖 2-12 所示，我們利用灰階圖形「Toys」來說明，「Toys」的圖形像素值分布較廣，使用對數轉換影像處理效果較佳，圖 2-12(a) 為原始的「Toys」，主要可以分成前面的玩具，後面的黑板，以及背景牆壁。對數轉換的效果，就是將像素值較黑的地方，呈現出來，其他則呈現白色忽略掉。圖 2-12(b) 經過對數轉換後，可以發現原始影像較黑的地方依然可以清楚看

到，但一些灰色處已經跟牆壁顏色一樣了，原本吊掛機具的玩具經過處理後，已經跟牆壁顏色無法區分了，只剩下黑板顏色跟顏色較深的積木可以清楚看到顏色。這就是對數轉換的特色，保留較深色的像素值，其他的像素值都轉換成白色的像素值，當像素值重複性越高，越多連續出現時，更容易方便進行影像資料壓縮，壓縮部分將在第四章做介紹。

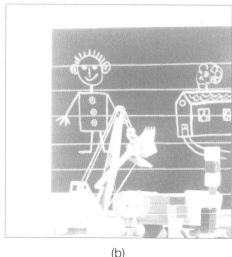

(a)　　　　　　　　　　　　　　(b)

圖 2-12　灰階影像「Toys」與經過對數轉換的影像

2.4.3　中位數濾波器 Median filter

在模糊濾波中，我們介紹中位數濾波器 Median filter，中位數濾波器為一非線性的濾波器，其方法是以一個固定大小的遮罩矩陣 $M(N*N)$ 掃描過整張影像的每一個像素，再將掃描後遮罩矩陣中的每一個像素值做排序，並以這些排序過後像素值的中位數作為結果的輸出，以取代原來的像素值，公式如 (4)。

$$G(x, y) = Median\{I(x, y) \mid (x, y) \in M\} \tag{4}$$

中位數濾波器可以有效的解決胡椒鹽雜訊（salt and pepper noise）的攻擊，利用中位數的排序技巧，有效的將差異較大的像素值，排除到左右兩側。中位數濾波器處理方式可分成三類如圖 2-13，(a) 當處理像素 a 落在角落時，則使用像素值 a 和鄰近的三個像素值處理，(b) 處理像素 a 落在邊緣時，則使用像素值 a 和鄰近的五個像素值處理，(c) 若鄰近像素值皆可被遮罩涵蓋時，就用九個像素值處理。

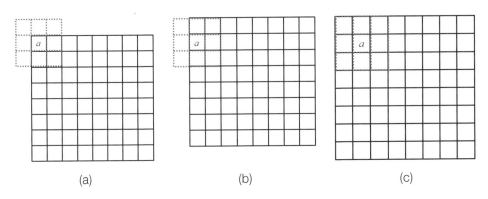

(a)　　　　　　　　(b)　　　　　　　　(c)

圖 2-13　處理像素值在不同地方時，中位數濾波器處理的方式

範例 07

假設遮罩大小為 3*3，目前處理的像素值 100，剛好是被胡椒鹽雜訊攻擊到的，所以像素值跟周圍的像素值差異很大，利用中位數濾波器來修補，將遮罩裡的像素值 (50, 55, 52, 40, 100, 50, 40, 45, 49) 進行排序，排序後結果為 (40, 40, 45, 49, 50, 50, 52, 55, 100)，中位數為 50，則將目前處裡的像素值 100 改為 50，如圖 2-14 所示。圖 2-15 利用灰階圖片「Toys」來讓讀者更容易了解中位數濾波器的妙用。圖 2-15(a) 為原始圖片「Toys」，當「Toys」圖片遭受胡椒鹽雜訊攻擊時，會有很多的雜點落在圖片中，如圖 2-15(b)，利用中位數濾波器的修復的結果顯示在圖 2-15(c)。從圖 2-15 可以看出，修復過後的「Toys」圖片跟原始圖片沒有甚麼差別，並將胡椒鹽雜訊都移除掉了，

但是，修復過後的「Toys」跟原始圖片比較還是有些模糊掉了。其主因是利用中位數來做取代的動作，可能跟原本的像素值有些許差異，但差異不大所造成的模糊化。

(a)

(b)

圖 2-14　中位數濾波器 Median filter 範例

(a)　　　　　　　　　(b)　　　　　　　　　(c)

圖 2-15　「Toys」圖片經過胡椒鹽雜訊的圖片與利用中位數濾波器修復的結果

2.4.4　拉普拉斯運算 Laplacian

　　銳利濾波主要功能是將邊的部分突顯出來，邊緣變化很大的資訊保留下來，在此小節將介紹 Laplactian 運算，Laplactian 運算使用二階微分計算像素值差異量，相較於一階微分，二階微分需要較大的變化量，才會被顯示出來。因為影像是二維的空間，所以針對垂直與水平進行偏微分，其公式定義如下：

$$\bigtriangledown^2 f = \frac{\partial^2 f}{\partial x^2} + \frac{\partial^2 f}{\partial y^2}, \tag{5}$$

$$\frac{\partial^2 f}{\partial x^2} = f(x+1, y) + f(x-1, y) - 2f(x, y), \tag{6}$$

$$\frac{\partial^2 f}{\partial y^2} = f(x, y+1) + f(x, y-1) - 2f(x, y). \tag{6}$$

　　將上面三個式子做個總結，可得到公式 (8)

$$\bigtriangledown^2 f(x, y) = f(x+1, y) + f(x-1, y) - 2f(x, y) + f(x, y+1) + f(x, y-1) - 2f(x, y)$$
$$= f(x+1, y) + f(x-1, y) + f(x, y+1) + f(x, y-1) - 4f(x, y) \tag{8}$$

　　根據公式 (8) 與圖 2-16 的濾波遮罩相關位置，可以得到圖 2-17(a) 垂直水平的濾波遮罩。圖 2-17(a) 和 (b) 分別是偵測邊的不同方向，圖 2-17(a) 為 90 度與 180 度的方向，圖 2-17(b) 為 45 度與 135 度的方向。不同的邊有不同的角度，加強邊緣時，可以根據邊的角度來使用不同的遮罩。

x-1, y-1	x-1, y	x-1, y+1
x, y-1	x, y	x, y+1
x+1, y-1	x+1, y	x+1, y+1

圖 2-16　x, y 的濾波遮罩

0	1	0
1	-4	1
0	1	0

(a) 垂直水平方向

1	0	1
0	-4	0
1	0	1

(b) 對角方向

圖 2-17　Laplacian 濾波遮罩

範例 08

　　我們用一張灰階影像來說明如何使用 Laplacian 運算達到加強邊緣，也就是銳利化。圖 2-18 說明灰階影像「Barbara」經過 Laplacian 運算之過程，「Barbara」的影像特色是有很多線條，也就是有很多邊的意思，在經過 Laplacian 運算後，如圖 2-18(b)，其邊緣都會被突顯出來。最後，將找出的邊緣加回原始「Barbara」灰階影像，就可以達到影像銳利化的效果，如圖 2-18(c)。

(a) 原始影像

(b) 經過 Laplacian 濾波遮罩處理後的結果

(c) 將 (b) 跟 (a) 結合的結果，強調邊緣處，產生銳利化效果

圖 2-18　灰階影像「Barbara」利用 Laplacian 銳利化的過程

2.5 結語

　　在這個章節，說明了空間域的影像處理技術，空間域影像處理技術主要是針對像素值在進行處理，從基本的像素值概念，利用統計直方圖來瞭解一張影像的特徵以及利用遮罩來達到模糊化、銳利化等效果，都是在空間域影像處理中，常用到的概念與技巧。認識這些概念與技巧，有助於讀者了解本書後面章節的影像處理的應用。

問題與討論

1. 試抓取一張灰階影像的 1~8 Bit Plane。

2. 修改一張影像，使影像變亮，說明像素值統計圖的變化。

3. 利用三種空間域濾波處理影像，並說明其特色。

4. 自行拍攝一張報紙，並透過邊緣銳利化處理，使得報紙中的文字更加清晰可見。

頻率域影像處理

導讀 >

在頻率域中，影像處理過程中多了許多數學式子，而這些式子的目的是讓影像從空間域轉換到頻率域，從像素轉換成頻譜係數。在這個章節中，我們介紹幾個轉換處理的過程，像是比較常見的離散小波轉換，離散餘弦轉換，都將在此章節一一介紹。

前言

在影像處理中，除了空間域影像處理外，還有另外一種是頻率域影像處理。頻率域影像處理是從空間域經過運算方式，轉變到頻率域，像是離散餘弦轉換，離散小波轉換等，在了解離散餘弦轉換之前，我們先介紹一位法國的數學家，傅立葉。傅立葉是很重要的一個人物，提出了一些論點，讓頻率域可以在不同領域中發揚光大，像是傅立葉轉換在物理學、聲學、光學、訊號處理、密碼學、通訊等領域都有著廣泛的應用。在了解頻率域影像轉換前，先了解法國的數學家 – 傅立葉。

3.1 傅立葉技術

傅立葉（Jean Baptiste Joseph Fourier）（圖 3-1），在 1768 年出生於法國的一個小鎮上，歐塞爾，爸爸是位裁縫師，在當時的環境下，出生略低微，在傅立葉九歲的時候，父母雙亡，當地教堂收留了傅立葉，12 歲時，主教將他送入地方軍事學校讀書。此時，傅立葉顯現出他在文學與數學的興趣，14 歲的他已讀完《數學教程》全六冊。但是 19 歲的他，選擇進入 Benedictine 修道院，希望成為神父，但之後三年，他不斷掙扎於數學與宗教之間，曾在一封

圖 3-1　傅立葉 Fourier（1768 ～ 1830）

信中說：「昨天是我 21 歲生日，在這個年紀牛頓與 Pascal 早就完成許多不朽的工作。」。最後，他還是選擇他的興趣，數學，在 1807 年，傅立葉向巴黎科學院呈交《固體中的熱傳導》論文，推導出著名的熱傳導方程式，並在求解方程時發現解析函數可以由三角函數構成的級數形式表示。從熱傳導方程式中推廣出傅立葉轉換（Fourier transform），傅立葉轉換能將滿足一定條件的某個函數表示成三角函數（正弦和 / 或餘弦函數）或者它們的積分的線性組合。在不同的研究領域，傅立葉轉換具有多種不同的變體形式，如連續傅立葉轉換和離散傅立葉轉換，兩者差異在於連續傅立葉轉換在處理資料時，資料屬於時間連續性，處理上使用積分 $\int$；但在離散傅立葉轉換時，資料的時間點屬於單點資料，故在處理上使用加總 Σ。在影像處理中，常用到的離散餘弦轉換（Discrete Cosine Transformation, DCT）或稱 DCT 轉換，也是由離散傅立葉轉換所變化而成的，下一小節，我們將介紹離散餘弦轉換，DCT。

3.2 離散餘弦技術
（Discrete Cosine Transform, DCT）

在這小節，我們將介紹頻率域影像處理中的離散餘弦轉換，了解離散餘弦轉換前，我們先了解轉換的流程，一張數位影像，經過上一章空間域影像處理的介紹，讀者有了像素值的概念，但在離散餘弦轉換過程中，將像素值轉換到頻率域空間稱為離散餘弦正轉換（Forward Discrete Cosine Transformation, FDCT），從頻率域還原到空間域的部分稱作離散餘弦反轉換（Inverse Discrete Cosine Transformation, IDCT），如圖 3-2 所示。當影像經 FDCT 轉換到頻率域後，許多研究者在此進行影像的處理，像是影像修補，調整，或是資訊隱藏等。我們利用灰階影像 F16 來說明 DCT 的區塊切割概念（如圖 3-3），將影像完整的切割成 8×8 大小的區塊，每個區塊中有 64 個像素，且每個區塊是不重疊的區塊。假設輸入的影像為 A，影像大小為 $M×N$，輸出的影像為 B，則 FDCT 與 IDCT 的公式如下：

FDCT：

$$B_{pq} = \alpha_p \alpha_q \sum_{m=0}^{M-1} \sum_{n=0}^{N-1} A_{mn} \cos \frac{\pi(2m+1)p}{2M} \cos \frac{\pi(2n+1)p}{2N},\ 0 \le p \le M-1,\ 0 \le q \le N-1$$

$$其中\ \alpha_p = \begin{cases} \dfrac{1}{\sqrt{M}}, p=0 \\ \sqrt{\dfrac{2}{M}}, 1 \le p \le M-1 \end{cases} \quad and \quad \alpha_q = \begin{cases} \dfrac{1}{\sqrt{N}}, q=0 \\ \sqrt{\dfrac{2}{N}}, 1 \le q \le N-1 \end{cases}$$

IDCT：

$$A_{mn} = \sum_{p=0}^{M-1} \sum_{q=0}^{N-1} \alpha_p \alpha_q B_{pq} \cos \frac{\pi(2m+1)p}{2M} \cos \frac{\pi(2n+1)p}{2N},\ 0 \le m \le M-1,\ 0 \le n \le N-1$$

其中 $\alpha_p = \begin{cases} \dfrac{1}{\sqrt{M}}, & p = 0 \\ \sqrt{\dfrac{2}{M}}, & 1 \le p \le M - 1 \end{cases}$ and $\alpha_q = \begin{cases} \dfrac{1}{\sqrt{N}}, & q = 0 \\ \sqrt{\dfrac{2}{N}}, & 1 \le q \le N - 1 \end{cases}$

圖 3-2　DCT 轉換流程圖

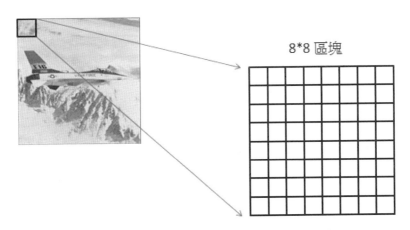

圖 3-3　DCT 區塊分割概念

這些公式可以利用程式軟體（Python 語言、C 語言、Matlab）的設計與操作，即可輕易的執行 DCT 轉換。接下來我們將介紹 DCT 的基頻（基本頻率）影像，在 8×8 區塊大小中，會有 64 種的基頻影像，如圖 3-4。這 64 種基頻影像是利用 8×8 區塊來產生的，利用對應的位置，設定為非 0 的值，其餘皆是 0 所產生。如圖 3-4 最左上角的全黑區塊是在 8×8 區塊中的 (0,0) 位置輸入 -1024，其餘皆是 0，再進行 IDCT 後產生而成，圖 3-4 中的 (0,1) 位置，是垂直的線條，是將在 8×8 區塊中的 (0,1) 位置輸入 -1024，其餘皆是 0，再進行 IDCT 後所產生而成的，圖 3-4 中的 (1,0) 位置，是水平的線條，是將在 8×8 區塊中的 (1,0) 位置輸入 -1024，其餘皆是 0，再進行 IDCT 後所產生而成的，以此類推。(0,0) 位置又稱為直流 DC 係數，除了 (0,0) 位置，其他由黑白交錯產生的基頻影像稱為交流 AC 係數。可以發現頻率從左上到右下逐漸遞增，從低頻、中頻到高頻，如圖 3-5。圖 3-4 與圖 3-5 對照比較，可以了解低頻的定義為黑白顏色交換頻率較低，當黑白顏色交換頻率較高的影像區塊，稱為高頻影像區塊。若經過 DCT 轉換後的數值出現較多的較大數值，我們可以知道區塊是落在中高頻區，其相鄰像素的變化量也較大。所以，若一張數位影像，只有一種顏色，在頻率域中所表示法就只有一個 DC 值而已，如圖 3-6。

圖 3-4　DCT 二維的基頻影像

圖 3-5　基頻影像頻率分佈圖

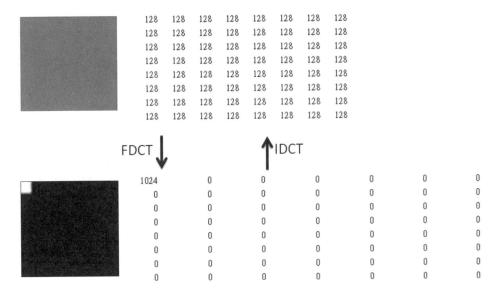

圖 3-6　只有一種顏色的影像進行 **DCT** 轉換的結果

範例 01

另外，我們再進行一些有趣的實驗，將頻率域資料陣列最右上角設為 128，來看其結果。我們將頻率域資料陣列 (0,7) 的位置設為 128，其餘皆為 0，如圖 3-7(a)。進行 IDCT 的轉換後，其產生的空間域資料陣列和影像如圖 3-7(b)。圖 3-7(b) 中的影像為灰底的垂直影像，跟圖 3-4 基頻影像 (0,7) 位置，如圖 3-7(c) 類似，差別在於灰階程度而已。

0	0	0	0	0	0	0	128
0	0	0	0	0	0	0	0
0	0	0	0	0	0	0	0
0	0	0	0	0	0	0	0
0	0	0	0	0	0	0	0
0	0	0	0	0	0	0	0
0	0	0	0	0	0	0	0
0	0	0	0	0	0	0	0

(a)

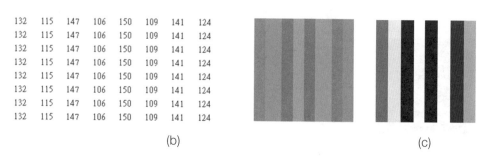

132	115	147	106	150	109	141	124
132	115	147	106	150	109	141	124
132	115	147	106	150	109	141	124
132	115	147	106	150	109	141	124
132	115	147	106	150	109	141	124
132	115	147	106	150	109	141	124
132	115	147	106	150	109	141	124
132	115	147	106	150	109	141	124

(b)   (c)

圖 3-7　頻率域資料陣列 (0,7) 的位置設為 128，其餘皆為 0，進行 IDCT 的結果

範例 02

另外，我們將頻率域資料陣列最左下角設為 128，也就是將頻率域資料陣列 (7,0) 的位置設為 128，其餘皆為 0，如圖 3-8(a)。進行 IDCT 的轉換後，其產生的空間域資料陣列和影像如圖 3-8(b)。圖 3-8(b) 中的影像為灰階

的水平影像，跟圖 3-4 基頻影像 (7,0) 位置，如圖 3-8(c) 類似，一樣差別在於灰階程度而已。

```
0      0      0      0      0      0      0      0
0      0      0      0      0      0      0      0
0      0      0      0      0      0      0      0
0      0      0      0      0      0      0      0
0      0      0      0      0      0      0      0
0      0      0      0      0      0      0      0
0      0      0      0      0      0      0      0
128    0      0      0      0      0      0      0
```

(a)

(b)   (c)

圖 3-8 頻率域資料陣列 **(7,0)** 的位置設為 **128**，其餘皆為 **0**，進行 **IDCT** 的結果

圖 3-7 和圖 3-8，使用了頻率域資料陣列 (0,7) 和 (7,0) 的位置分別設為 128，若將頻率域資料陣列 (0,7) 和 (7,0) 的位置同時設為 128，其空間域的影像會跟分別設置所產生的空間域影像有關係嗎？以下我們將說明其特性：利用頻率域資料陣列 (0,7) 和 (7,0) 的位置同時設為 128，進行 IDCT 運算。

範例 03

如圖 3-9，圖 3-9(b) 為轉換到空間域的像素值，圖 3-9(c) 是圖 3-9(b) 所產生的灰階影像，其中可以發現，圖 3-9(b) 的像素值剛好可以利用圖 3-7(b) 和圖 3-8(b) 的像素值計算而成，其公式如下：

圖 3-9(b) (x, y) = 圖 3-7(b) (x, y) ＋ 圖 3-8(b) (x, y) － 128

在空間域頻率域轉換過程中，可能會有小數點的誤差，所以當圖 3-7(b) 和圖 3-8(b) 相加時，可能導致與圖 3-9(b) 會有誤差正負 1 的情況。當像素從空間域轉換到頻率域時，頻率域的數值會帶些小數點，兩個頻率域的資料陣列合併時，可能會將兩個小數點都低於 0.5 的數值，相加後會大於 0.5，導致輸出時，會四捨五入，產生正負 1 的狀況。舉例來說，18.4 和 18.4 這兩個數值，分開看四捨五入時並相加時，18 加 18 為 36，但合併來看時，36.8 四捨五入為 37，此時就產生正負 1 的誤差了。最簡單的解決方式只要將小數點捨去掉即可。

0	0	0	0	0	0	0	128
0	0	0	0	0	0	0	0
0	0	0	0	0	0	0	0
0	0	0	0	0	0	0	0
0	0	0	0	0	0	0	0
0	0	0	0	0	0	0	0
0	0	0	0	0	0	0	0
128	0	0	0	0	0	0	0

(a)

137	120	151	110	155	114	145	128
120	103	134	93	138	97	128	111
151	134	166	125	169	128	159	142
110	93	125	84	128	87	118	101
155	138	169	128	172	131	163	146
114	97	128	87	131	90	122	105
145	128	159	118	163	122	153	136
128	111	142	101	146	105	136	119

(b)

(c)

圖 3-9　頻率域資料陣列 (0,7) 和 (7,0) 的位置同時設為 128，其餘皆為 0，進行 IDCT 的結果

範例 04

圖 3-10 是從一張圖隨機擷取出來的 8*8 區塊灰階影像與其像素值，利用 FDCT 轉換後如圖 3-11，對照圖 3-5 可以了解到一個影像區塊的影像頻率分布。當然，利用圖 3-11 的頻率值進行 IDCT 即可回復到圖 3-10 的影像像素值。

$$\begin{bmatrix} 52 & 55 & 61 & 66 & 70 & 61 & 64 & 66 \\ 63 & 59 & 55 & 90 & 109 & 85 & 69 & 65 \\ 62 & 59 & 68 & 113 & 144 & 104 & 66 & 68 \\ 63 & 58 & 71 & 122 & 154 & 106 & 70 & 72 \\ 67 & 61 & 68 & 104 & 126 & 88 & 68 & 70 \\ 79 & 65 & 60 & 70 & 77 & 68 & 58 & 70 \\ 85 & 71 & 64 & 59 & 55 & 61 & 65 & 72 \\ 87 & 79 & 69 & 68 & 65 & 76 & 78 & 74 \end{bmatrix}$$

圖 3-10　8*8 灰階影像與其像素值

圖 3-11　經過 DCT 轉換後的頻率域數值

範例 **05**

　　圖 3-12 從圖 3-12(a) 隨機擷取 8*8 區塊來做二維 DCT 轉換。圖 3-12(b) 的灰階影像與其像素值，利用 FDCT 轉換該區塊被轉換後產生的係數如圖 3-12(c) 所示，並且會有六個顯著的係數為：(0, 0)、(1,0)、(1, 1)、(2, 0)、(3, 0)、(4, 0) 將這一些統計圖轉成數值並可以清楚的了解到一個影像區塊的影像頻率分布，如圖 3-12(d)。

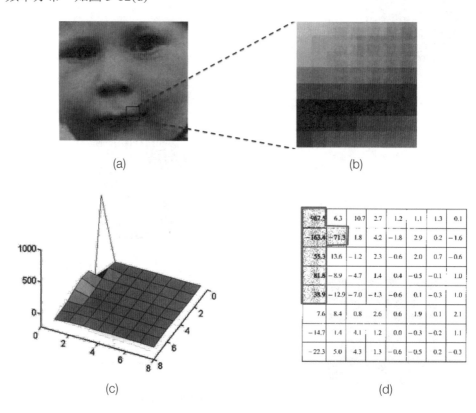

987.5	6.3	10.7	2.7	1.2	1.1	1.3	0.1
−163.4	−71.3	1.8	4.2	−1.8	2.9	0.2	−1.6
55.3	13.6	−1.2	2.3	−0.6	2.0	0.7	−0.6
81.8	−8.9	−4.7	1.4	0.4	−0.5	−0.1	1.0
38.9	−12.9	−7.0	−1.3	−0.6	0.1	−0.3	1.0
7.6	8.4	0.8	2.6	0.6	1.9	0.1	2.1
−14.7	1.4	4.1	1.2	0.0	−0.3	−0.2	1.1
−22.3	5.0	4.3	1.3	−0.6	−0.5	0.2	−0.3

圖 3-12　一張圖隨機圖經由 FDCT 轉換後的頻率域數值

　　當然我們也可以利用經由轉後的影像區塊頻率分布來重新恢復成原來的隨機影像。我們可以利用圖 3-12(d) 所產生六個顯著的係數來進行影像恢復。如圖 3-13 所示，首先我們使用 IDCT 轉換方法，對 (0, 0)（基頻影像）

乘以權重 967.5 做轉換,這一個權重的係數顯示該區塊的均勻灰色,並常常稱 (0, 0) 係數為 DC 係數,該係數通常是在區塊中最為顯著的,如圖 3-13 第一行右側區塊顯示復原的 DC 係數區塊。接下來,我們使用 IDCT 轉換方法,對 (1, 0) 乘以權重 -163.4 做轉換,如圖 3-13 第二行左側所示,圖 3-13 第二行右側為 (0, 0) 係數與 (1, 0) 係數一起轉換的結果。依此類推,最後就可以恢復成近似的原始影像像素。

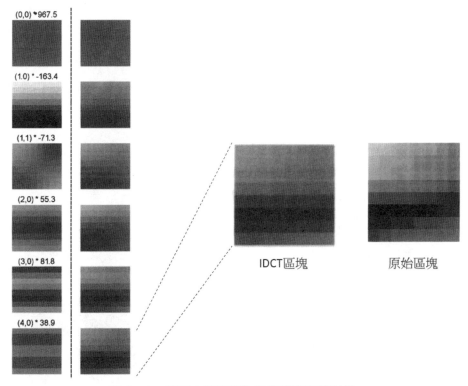

圖 3-13　利用六個顯著的係數重建原始影像

範例 **06**

　　接下來我們將介紹,利用六個顯著係數來恢復近似的原始影像。如圖 3-14 所示,為我們轉換過程流程圖。首先,我們將 Lena 的影像經過 FDCT

轉換後會得到轉換係數。接下來我們使用 (0, 0) 這一個係數對每一個區塊來做 IDCT 轉換後，會得到一張轉換後的影像，如圖 3-15(a) 所示。接下來，我們使用 (0, 0)、(0, 1) 和 (1, 0) 三個係數對每一個區塊來做 IDCT 轉換，得到一張轉換後影像，如圖 3-15(b)。接著，我們使用 (0, 0)、(0, 1)、(0, 2)、(1, 0)、(1, 1) 和 (2, 0) 六個係數對每一個區塊來做 IDCT 轉換，得到一張轉換後影像，如圖 3-15(c) 所示。最後，我們使用 (0, 0)、(0, 1)、(0, 2)、(0, 3)、(1, 0)、(1, 1)、(1, 2)、(2, 0)、(2, 1) 和 (3, 0) 十個係數對每一個區塊來做 IDCT 轉換，得到一張轉換後影像，如圖 3-15(d) 所示。從實驗結果，我們可以發現當我們係數使用越多時所恢復的影像品質會越接近原始影像，但是一般會有恢復影像品質與計算時間之考慮，其中範例 5 利用六個顯著的係數來做還原是兼具影像品質與計算時間的最佳方法。

圖 3-14　利用一個權重係數來完成 IDCT 轉換近似的原始影像流程圖

(a)

(b)

(c)

(d)

圖 3-15　利用各種權重係數來完成 IDCT 轉換近似的原始影像

3.3 離散小波技術
（Discrete Wavelet Transform, DWT）

在這小節將介紹 *Haar* 的離散小波轉換，離散小波轉換的方法有很多種，我們選擇 *Haar* 的離散小波轉換來做介紹，其主因是為了讓讀者容易了解離散小波的精神與概念，*Haar* 離散小波轉換方法也較為簡單，利用簡單的相加與相減即可完成。*Haar* 離散小波轉換處理的方式是將影像所有的像素值，視為獨自的數值，針對所有數值進行相加或相減的運算，取得整張影像的頻率。一張數位影像，越平滑的區域，越不能做修改，一旦修改，人類的視覺系統會很輕易地辨識出來，但是在越複雜的區域上做修改，人類的視覺系統就無法輕易地辨識出來了。在這前提下，平滑區域也就是低頻的部分，複雜的區域就是高頻的部分，若要進行影像處理或是資訊隱藏，最好是在高頻的區域進行處理，才不易被察覺。*Haar* 離散小波轉換相加的動作就是低頻的地方，相減的動作就是高頻的地方，處理的地方若是平滑處，相加動作會使得數值更大，但是相減會使得數值減少。相反地，若是處理的地方是邊緣、複雜處，會使得差值更大。

Haar 離散小波轉換可以分成兩個步驟，第一步是水平分割，接著是垂直分割，我們利用圖形來說明，如圖 3-16，每個英文字母都代表一個像素值，假設這張原始影像大小為 4×4，如圖 3-16(a)。第一步水平式的相加相減的動作，如圖 3-16(b) 所示。當計算完相加相減的動作後，利用圖 3-16(b) 再進行第二步的垂直分割，如圖 3-17(b) 所示。完成了一次水平分割與一次垂直分割就是做完了一次 *Haar* 離散小波轉換，又稱一階 *Haar* 離散小波轉換。此時，可以將影像區分成 LL，HL，LH，HH，如圖 3-18，這些區塊稱為頻帶。其中 LL 區這個頻帶是影像最重要的部分，因為 LL 區是將所有的像素值加總的結果。

A	B	C	D
E	F	G	H
I	J	K	L
M	N	O	P

(a)

A+B	C+D	A-B	C-D
E+F	G+H	E-F	G-H
I+J	K+L	I-J	K-L
M+N	O+P	M-N	O-P

(b)

圖 3-16　第一步水平分割

A+B	C+D	A-B	C-D
E+F	G+H	E-F	G-H
I+J	K+L	I-J	K-L
M+N	O+P	M-N	O-P

(a)

(A+B)+ (E+F)	(C+D)+ (G+H)	(A-B)+ (E-F)	(C-D)+ (G-H)
(I+J)+ (M+N)	(K+L)+ (O+P)	(I-J)+ (M-N)	(K-L)+ (O-P)
(A+B)- (E+F)	(C+D)- (G+H)	(A-B)- (E-F)	(C-D)- (G-H)
(I+J)- (M+N)	(K+L)- (O+P)	(I-J)- (M-N)	(K-L)- (O-P)

(b)

圖 3-17　第二步垂直分割

(a)

(b)

圖 3-18　一階 *Haar* 離散小波轉換

上述為一階 *Haar* 離散小波轉換的過程，做完一階轉換後，還可以接著做二階轉換，針對 LL1 的部分，再次執行 *Haar* 離散小波轉換過程，可以得到二階小波轉換的結果，如圖 3-19。若是針對 LL2 的部分，再次執行 *Haar* 離散小波轉換過程，可以得到三階小波轉換的結果，如圖 3-20。低頻區 LL3 可以看出原始影像的大致輪廓。

範例 **07**

我們利用灰階影像 Toys 來實作 *Haar* 離散小波轉換，如圖 3-21，圖 3-21(a) 是灰階影像 Toys，圖 3-21(b) 是實作三階 *Haar* 離散小波轉換的結果。將 LL3 的區域放大來看，可以看出 Toys 原始輪廓影像，如圖 3-22(b)。

(a)

(b)

圖 3-19 一階 *Haar* 離散小波轉換與二階 *Haar* 離散小波轉換的示意圖

(a)

(b)

圖 3-20 二階 *Haar* 離散小波轉換與三階 *Haar* 離散小波轉換的示意圖

(a) (b)

圖 3-21　灰階影像 **Toys** 實作 *Haar* 離散小波轉換

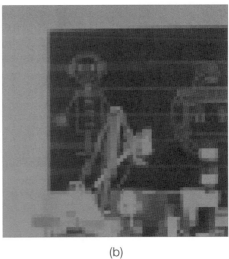

(a) (b)

圖 3-22　原始灰階影像 **Toys** 與經過 *Haar* 離散小波轉換後的 **LL3** 區塊

範例 08

在介紹完 *Haar* 離散小波轉換後，舉個實際像素的例子來說明其計算過程，如圖 3-23。假設影像大小為 4×4，其像素值為 30，22，53，30，30，20，25，16，15，19，20，25，25，22，20 和 15，如圖 3-23(a)。計算 *Haar* 離散小波轉換的第一步水平分割，結果如圖 3-23(b)，接著進行 *Haar* 離散小波轉換第二步垂直分割，結果如圖 3-23(c)，經過這兩次分割，已經完成一階的 Haar 離散小波轉換，二階 Haar 離散小波轉換過程跟一階相同，只是二階 Haar 離散小波轉換只處理 LL1 區塊，其結果如圖 3-23(d)。

30	22	53	30
30	20	25	16
15	19	20	25
25	22	20	15

(a)

52	83	8	23
50	41	10	9
34	45	-4	-5
47	35	3	5

(b)

102	124	18	32
81	80	-1	0
2	42	-2	14
-13	10	-7	-10

(c)

387	-21	18	32
65	-23	-1	0
2	42	-2	14
-13	10	-7	-10

(d)

圖 3-23　Haar 離散小波轉換實際像素值範例

3.4 結語

　　在這個章節，了解頻率域影像處理使用的技巧，利用空間域像素值轉換到頻率域，透過頻率域的係數來對影像加以處理，從 DCT 和 DWT 中，可以發現到頻率域影像處理將重要資訊轉換到影像區塊中的一小部分，或是可以利用係數的特性來進行影像壓縮處理，其壓縮概念將在第四章介紹。

問題與討論

1. 說明頻率域處理與空間域處理的差異性。

2. 撰寫 Python 程式來產生 DCT 二維基頻影像。

3. 利用一張影像，以 Python 語言實作 *Haar* 離散小波轉換。

4. 說明影像的低頻、中頻與高頻的特色。

壓縮域影像處理

導讀

隨著電腦科技的進步，電腦處理能力持續加速，人們也開始在乎網際網路的速度。影像透過網際網路傳遞的機會也大大增加，要如何讓影像傳送時間更快，更便利，是本章要探討的影像壓縮的重點，經過影像壓縮前置處理後，來提升網際網路傳遞的速度。

◀前言▶

　　隨著網際網路廣泛的應用，影像壓縮是最常見的影像處理方式之一，無論是部落格、Facebook（臉書）、Twitter、Instagram 等網站，使用者想要分享上傳自己的影像時，網站都會將影像進行資料壓縮的處理，讓網頁閱讀的速度加快許多。本章介紹主要分成四大部分，資料壓縮簡介，無損式影像資料壓縮方式，有損式影像資料壓縮方式與影像壓縮之應用。

4.1 資料壓縮技術

在介紹影像資料壓縮方式前，先介紹傳統的資料壓縮方式，有利於增加讀者了解壓縮基本概念。資料壓縮中，最重要的概念就是將較常出現的資料，用較短的編碼來取代，較少出現的資料，用較長的編碼來表示。1839 年，Samuel Morse 發佈了的第一項發明"莫爾斯"碼，也稱摩斯密碼。利用長短音透過電報傳遞字母文字，Morse 利用長短音設計出 A 到 Z 的不同表示法，如表 4-1。不同字母利用不同的長短音來表示。Morse 注意到有些字母出現的頻率較高，就用較短的表示方式，如 A，E，T。字母出現頻率較低的，如 Q，Y，就用較長的表示方式。當我們要傳送 I LOVE PEACE 時，透過 Morse code 就可以用 "・・・—・・—————・・・——・・————・—・・" 來表示。接收者只要依序的利用表 4-1 來解出字母即可，這種壓縮方式相當的簡單，前提是雙方必須有相同的對應表，才能解壓縮相同的結果。

範例 01

在傳統資料壓縮中，霍夫曼編碼（Huffman coding）也是利用統計的方式，將常出現的字元用較短的編碼表示，利用上面的例子說明"I LOVE PEACE"總共有 10 個字母，其字母出現的機率為 A＝0.1，C＝0.1，E＝0.3，I＝0.1，L＝0.1，O＝0.1，P＝0.1，V＝0.1。首先，從挑出兩個機率最小的字母來組合，如 (A，C)＝0.2，再從新的機率中繼續挑出兩個機率最小字母來組合 (I，L)＝0.2，直到組合剩下一個機率為 1 的時候，即為結束。如圖 4-1，建出一顆樹，左側用 0 表示，右側用 1 表示，字母 E 被表示成 00，字母 I 被表示成 010，字母 L 被表示成 0110，字母 O 被表示成 0111，字母 V 被表示成 100，字母 P 被表示成 101，字母 A 被表示成 110，字母 C 被表示成 111。當我們要表示出 ILOVEPEACE 時，只要送出 010 0110 0111 100 00 101 00 110 111 00 即可表示。接收者只要需備有表 4-2，就可以對照出傳送者所想要表

達的字母。原本一個英文字母用 ASCII 表示需要 8 個 bit 來表示，但透過 Huffman coding 來表示時，一個英文字母平均只需要 2.9 個 bit 表示即可 (2.9=0.3*2+0.1*3+0.1*4+0.1*4+0.1*3+0.1*3+0.1*3+0.1*3)。ASCII 和 Huffman coding 兩種方式比較起來，總長度分別是 80(=8*10) 和 29(=2.9*10)，可以感受到 Huffman coding 的高壓縮率。

表 4-1　Morse 電碼表

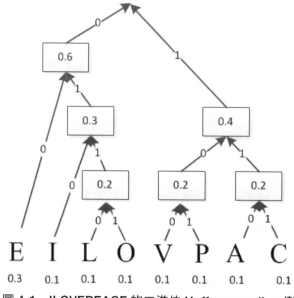

圖 4-1　ILOVEPEACE 的二進位 Huffman coding 樹

表 4-2　ILOVEPEACE 的字母集的 Huffman 碼

字母	機率	編碼字
E	0.3	00
I	0.1	010
L	0.1	0110
O	0.1	0111
V	0.1	100
P	0.1	101
A	0.1	110
C	0.1	111

　　另外一種常見的壓縮技術就是辭典技術，GIF 和 PNG 壓縮方式都是基於辭典技術中的 LZW（Lempel-Ziv-Welch）方式。

範例 02

　　下面介紹 LZW 辭典技術的編碼流程，我們利用一串序列作為輸入：

ABCCBDABCCBDABCCBDABCCBDAEEDAEEDAEE

由 ABCDE 五個字母所組成，初始 LZW 辭典如表 4-3。

表 4-3　初始 LZW 辭典簿

索引值	字母元素
1	D
2	B
3	C
4	E
5	A

根據序列，第一個字母為 A，A 有在辭典簿裡，用索引值 5 來編碼並且跟下一個字母 B 結合起來成新的元素 AB，其索引值設為 6，第一步結束。此時 LZW 辭典簿有六個元素，接下來序列第二個字母為 B，B 有在辭典簿裡，用索引值 2 來編碼並且跟下一個字母 C 結合起來成新的元素 BC，其索引值設為 7，第二步結束。此時 LZW 辭典簿有七個元素，接下來序列第三個字母為 C，C 有在辭典簿裡，用索引值 3 來編碼並且跟下一個字母 C 結合起來成新的元素 CC，其索引值設為 8，第三步結束。此時 LZW 辭典簿有八個元素，接下來序列第四個字母為 C，C 有在辭典簿裡，用索引值 3 來編碼並且跟下一個字母 B 結合起來成新的元素 CB，其索引值設為 9，第四步結束。此時 LZW 辭典簿有九個元素，接下來序列第五個字母為 B，B 有在辭典簿裡，用索引值 2 來編碼並且跟下一個字母 D 結合起來成新的元素 BD，其索引值設為 10，第五步結束。此時 LZW 辭典簿有十個元素，接下來序列第六個字母為 D，D 有在辭典簿裡，用索引值 1 來編碼並且跟下一個字母 A 結合起來成新的元素 DA，其索引值設為 11，第六步結束。此時 LZW 辭典簿有十一個元素，接下來序列第七個字母為 A，A 有在辭典簿裡，跟下一個字母 B 結合起來 AB 也有在辭典簿裡，所以用索引值 6 來編碼，並在將下一個字母 C 組合成新的元素 ABC，其索引值設為 12，第十二步結束。此時 LZW 辭典簿有十二個元素，以此類推，將 ABCCBDABCCBDABCCBDABCCBDAEEDAEEDAEE 編碼的 LZW 辭典如表 4-4，此時可將編碼輸出成序列 5 2 3 3 2 1 6 8 10 12 9 11 7 16 5 4 4 11 21 23 4，原本 35 個字母，經過 LZW 辭典技術壓縮成 21 個十進制數字來表示。

當要解碼的時候，只要有初始的 LZW 辭典簿（表 4-3）即可，序列依序解碼，並增加新的元素到編碼簿（增加方式如編碼），就可以再將 ABCCBDABCCBDABCCBDABCCBDAEEDAEEDAEE 完整的還原。

表 4-4　ABCCBDABCCBDABCCBDABCCBDAEEDAEEDAEE 編碼的 LZW 辭典

索引值	元素	索引值	元素	索引值	元素	索引值	元素	索引值	元素
1	D	6	AB	11	DA	16	CBD	21	EE
2	B	7	BC	12	ABC	17	DAB	22	ED
3	C	8	CC	13	CCB	18	BCC	23	DAE
4	E	9	CB	14	BDA	19	CBDA	24	EED
5	A	10	BD	15	ABCC	20	AE	25	DAEE

4.2　無損式壓縮技術

在了解傳統壓縮技術後，此小節將針對無損式影像資料壓縮技術作介紹。前三章中，提到影像的特性，周圍鄰近的像素值會是相同的或是很接近的，影像內容屬於一種漸進式的改變。下列將透過 Run Length 的方式來介紹影像壓縮技巧，介紹 Run Length 如何利用有限狀態機來壓縮影像。在 1959年，J. Capon 提出一種機率模型的 Run Length 壓縮方式應用在影像上。利用有限狀態機的概念來產生一連串的編碼，如圖 4-2，在一般的黑白影像中，黑變黑與白變白的機率是遠遠高於黑變白與白變黑的機率，利用這種影像特性，搭配 Run Length 的編碼方式，可以成功的將影像進行壓縮。

圖 4-2　黑白影像的 Capon 模型

範例 **03**

　　我們利用 16*16 的 ICCL 黑白影像為例，如
圖 4-3，影像只有黑跟白，可以看成 0 與 1，當影
像發生變化時（黑變白，或是白變黑），將之前連
續的總數輸出，產生以下序列，35,4,2,4,7,3,1,5,7
,2,2,2,9,2,2,2,2,1,6,4,1,5,5,4,3,2,40,4,1,3,7,2,4,3,7,2

圖 4-3　ICCL 的黑白影像

,1,2,1,3,1,1,5,5,1,5,7,2,2,1,1,2,3。序列的意思是為 35 個 1，4 個 0，2 個 1，4
個 0，…，到最後的 3 個 1，總共只需要 57 個數字即可表示一張 16*16 的黑
白影像，相較於原始的 16*16＝256 個數字，容量減少許多。在灰階或彩色的
影像上，效果就沒有這麼明顯，因為黑白影像只有 0 跟 1 兩種變化而已，但
8-bit 灰階就有 255 種變化，其變化次數不計可數，更別說是彩色影像了。雖
然 Run Length 的編碼方法，可以對於連續的黑白影像實行有效率的壓縮；但
是，若是 0101…間隔且重覆的黑白影像，使用 Run Length 的壓縮編碼法，
則會產生 111111…1 的序列，其效率就變得更差了。

　　在無損影像壓縮中，差分壓縮編碼（Differential encoding）也是著名的
壓縮方式之一。上述介紹的 Run length coding 需具有相同的像素值，才能達
到其壓縮效果（如上述例子所示），但接下來介紹的差分壓縮編碼是不需要
具有相同的像素值，只要鄰近像素值非常接近即可達到其壓縮效果。

範例 **04**

　　我們利用簡單的例子，實作差分壓縮編碼，假設一序列灰階部分影像像
素資料內容如下：

234, 220, 213, 200, 205, 199, 186, 200

　　差分壓縮編碼利用像素值與前一個像素值做相減的動作，並記錄差值即可，如下一序列所示：

$$234, -14, -7, -13, 5, -6, -13, 14$$

　　原本後 7 個像素值都需要 8 bit 表示，經過差分壓縮編碼後，每個像素值可以利用 5 bit 表示（由後 7 個數值決定，含正負號 -15~15）。

原始像素值 234, 220, 213, 200, 205, 199, 186, 200

差分壓縮編碼結果 234, -14, -7, -13, 5, -6, -13, 14

　　利用差值，也可以輕鬆的將原始資料做還原的動作，達到無損式的影像壓縮技術，像素值 234 減 14 可以得到像素值 220，像素值 220 減 7 可以得到像素值 213，像素值 213 減 13 可以得到像素值 200，像素值 200 加 5 可以得到像素值 205，像素值 205 減 6 可以得到像素值 199，像素值 199 減 13 可以得到像素值 186，像素值 186 加 14 可以得到像素值 200，上述是簡單的差分壓縮編碼的流程，透過簡單計算即可達到影像壓縮技術。

4.3　有損式壓縮技術

　　在這章節，將介紹兩種常見的有損式影像資料壓縮方式，LSB 與 VQ。

4.3.1　最不重要位元法（Least Significant Bit, LSB）

　　一張 8 bit 灰階影像中，每個像素值利用 8 個位元所組成（0~255），最左邊為最重要的位元，最右邊是最不重要的位元，如圖 4-4 所示，一個像素值，忽略掉最右邊的位元時，也

```
128 64 32 16 8 4 2 1
┌─────────────────┐
│                 │
└─────────────────┘
```

圖 4-4　8 bit 灰階位元

就是頂多差別正負 1，但是忽略掉最左邊的位元時，就會有極大的差異了。假設像素值為 255，若最右邊的位元被忽略掉，那也就是 255 跟 254 的差別而已，若最左邊的位元被忽略掉，就成了 255 與 127，白色與灰色的差別了。這也就是 LSB 使用的技巧，讓最右邊的位元數，忽略掉，用 7bit 來表示一個像素值，其差異不大。

範例 05

圖 4-5 所示，(a) 為原始影像 Lena，其大小為 512*512 的 8 bit 灰階影像，依序從最右邊的位元開始忽略，其結果分別為圖 4-5(b)-(h)。當忽略到 4 bit 的時候，肩膀處可以明顯看出失真，在 1~3bit 的時候，其實肉眼上是看不出影像有所失真。也就是說，一張 8 bit 的灰階影像，可以用 5 bit 的像素值來表示即可，人類視覺系統還是看不出其差異性。

(a) 原始影像

(b) 忽略最右邊一個 bit 的影像品質

(c) 忽略最右邊兩個 bit 的影像品質

(d) 忽略最右邊三個 bit 的影像品質

(e) 忽略最右邊四個 bit 的影像品質

(f) 忽略最右邊五個 bit 的影像品質

(g) 忽略最右邊六個 bit 的影像品質　　　(h) 忽略最右邊七個 bit 的影像品質

圖 4-5　灰階影像 Lena 忽略不同 LSB 的結果

4.3.2　向量量化編碼法（**Vector Quantization, VQ**）

在 1980 年，Y. Linde, A. Buzo, and R. M. Gray 三位學者提出向量量化編碼法，利用編碼簿來進行壓縮，其特性為高壓縮率，不同的編碼簿大小，其壓縮率也有所不同，一般而言，編碼簿越小，壓縮率越好，當然影像品質上也會相對的降低。向量量化編碼是一種失真壓縮（Lossy compression），是利用人類視覺系統在可以接受容忍的範圍內，將影像進行失真壓縮的動作，提高壓縮率。假設影像大小為 512*512，進行 VQ 編碼，首先將影像切割成 4*4 的不重疊區塊，每個區塊到編碼簿中尋找最接近的 codeword，並輸出其對應的 index。向量量化編碼主要分成三部分：

一、編碼簿設計 Design of Codebook

在 VQ 編碼中，影像品質取決於編碼簿設計，設計出良好的編碼簿決定了 VQ 編碼後的影像品質。具有代表性的影像區塊所組成的集合，稱為「編

碼簿（Codebook）」；在編碼簿中的每一個具有代表性的影像區塊，稱為「編碼字（Codeword）」；每個 codeword 有專屬對應的索引值（index）。一個影像區塊可以視為一個 L 維度的向量。例如：一個 4×4 的影像區塊其維度為 16 維度。

設計編碼簿最具代表性的方法，也最常廣泛使用的方法是在 1980 年由 Linde、Buzo 與 Gray 三位學者所提出的 LBG 演算法。LGB 演算法是由一張或多張數位影像切割成若干個不重疊的影像區塊（non-overlap blocks），將這些影像區塊當成訓練向量，用來訓練出編碼簿。假設編碼簿包含 N 個編碼字，在開始階段，N 個編碼字通常是用隨機方式產生。接著，利用歐基里德距離（Square Euclidean distance）的計算方式，計算訓練向量與每一個編碼字的距離，找出最接近的編碼字，則該訓練向量屬於此編碼字的集合。最後，將訓練向量分成 N 個集合，計算每個集合的重心，視為新的編碼字。重複執行此訓練，直到訓練向量與編碼字之間的距離收斂到某種程度才停止。最後留下來的編碼字就是最能代表訓練向量的編碼字。LBG 演算法如下所示：

Step 1. 起始一個大小為 N 的編碼簿，其編碼字為 L 維度。建構一個訓練向量的集合，向量為 L 維度。

Step 2. 設定回合計數器 $n = 0$，選擇一個門檻值。

Step 3. 針對每個訓練向量，利用歐基里得計算訓練向量與所有編碼字的距離，找出最接近的編碼字，則該訓練向量屬於此編碼字的集合。將所有訓練向量分類成 N 個集合。

Step 4. 計算每個集合之重心，將重心視為新的編碼字。

Step 5. A = 訓練向量與新的編碼字之間的平均距離，B = 訓練向量與舊的編碼字之間的平均距離。若 |A - B| 小於門檻值，代表已收斂，停止演算法。

Step 6. $n = n + 1$，若 n 大於執行次數限制，停止演算法。否則跳到 Step 3. 重複訓練動作。

由此可知，LBG 演算法可以保證平均距離在每一回合訓練後都會減少，但是卻無法保證平均距離在經過幾回合後重心會收斂到最接近的距離。初始編碼簿的好壞是影響收斂與否的主要原因。目前一般計算初始計算編碼簿的方法都會選擇隨機法，從訓練向量集合中，隨機選取 N 個向量來當成編碼簿的初始編碼字。

我們用一個簡單的例子來說明 LBG 演算法，如何來尋找最相近的編碼字來形成編碼簿。如圖 4-6 所示，首先假設我們將灰階影像先切割成 16 個大小相同的區塊 (b)，每個區塊包含兩個像素。其中 $B_1 = (32, 32)$、$B_2 = (70, 40)$、$B_3 = (60, 32)$、$B_4 = (32, 50)$、$B_5 = (60, 120)$、$B_6 = (60, 50)$、$B_7 = (60,150)$、$B_8 = (210, 200)$、$B_9 = (70, 140)$、$B_{10} = (200, 210)$、$B_{11} = (200, 32)$、$B_{12} = (225, 50)$、$B_{13} = (200, 40)$、$B_{14} = (200, 50)$、$B_{15} = (215, 50)$ 及 $B_{16} = (215, 35)$，並且隨機挑選四個編碼字 $C_1 = B_2$、$C_2 = B_5$、$C_3 = B_8$ 及 $C_4 = B_{12}$。由圖 4-6 可以很容易確定初始劃分 $Gc_1 = \{B_1, B_3, B_4, B_6\}$、$Gc_2 = \{B_7, B_9\}$、$Gc_3 = \{B_{10}\}$ 及 $Gc_4 = \{B_{11}, B_{13}, B_{14}, B_{15}, B_{16}\}$。

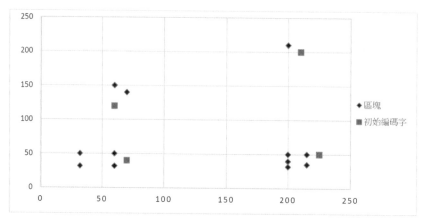

圖 4-6 區塊與編碼字之間的距離

接下來，如圖 4-7 所示，我們計算 4 個新的編碼向量，也就是每個集合的重心，其中 $C_{N1} = (B_1 + B_3 + B_4 + B_6)/4$，$C_{N2} = (B_7 + B_9)/2$，$C_{N3} = B_{10}$ 及

$C_{N4} = (B_{11} + B_{13} + B_{14} + B_{15} + B_{16})/5$。因此，可以知道得到新的編碼向量為 $C_{N1} = (46, 41)$，$C_{N2} = (65, 145)$，$C_{N3} = (200, 210)$ 及 $C_{N4} = (206, 41)$。由圖 4-7 中我們可以發現新的編碼字（三角形）會更接近每一群的重心，使得編碼後的影像品質會有所提升。當改善的平均距離低於門檻值時，即可停止訓練，產生編碼簿。

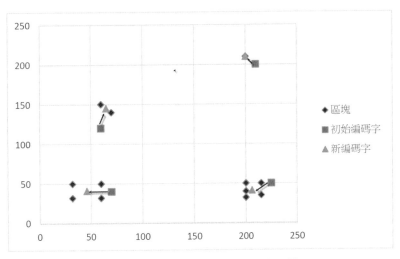

圖 4-7　區塊與新編碼字之間的距離

接下來我們利用上述例子產生出最後的編碼簿，如圖 4-8 所示，一本 codebook 大小為 4，每個 codeword 有 2 個像素值（pixel），每個 codeword 有自己的 index 來表示；如圖 4-8 灰底所示 index 為 2 且 codeword 有 2 個像素值為 65 與 145。（實用上，index 會從 0 開始編號）

| | Pixel | |
Index	1	2
1	46	41
2	65	145	Codeword
3	200	210
4	206	41

圖 4-8　Codebook 概念圖

二、向量量化編碼 VQ encoding

　　VQ 編碼，第一步驟是先將掩飾圖片（Cover image）切割成若干個 $m \times m$ 不重疊的影像區塊（non-overlap blocks），令 $k = m \times m$，則 u_1，u_2，$\cdots$，u_k 代表區塊裡面的像素值；第二步驟，將每個區塊進行編碼的動作，每個區塊到編碼簿裡利用歐基里德距離公式如 (1) 所示，其中 codeword 的維度也是 $m \times m$，則 v_1，v_2，$\cdots$，v_k 代表 codeword 裡面的像素值

$$d(u,v) = \sum_{j=1}^{k} (u_j - v_j)^2 \tag{1}$$

　　計算區塊與每一個 codeword 之間的距離，並找出最接近的 codeword，輸出 codeword 的索引值（index）到索引表（index table）中；如圖 4-9 所示，Cover image 是一張影像 Lena，先將 Lena 切割成若干個不重疊的影像區塊，每個區塊到 codebook 裡找最接近的 codeword，並將索引值輸出到索引表中。假設第一個區塊到 codebook 裡找到最接近的 codeword 是在第三個 codeword，所以將索引值 2 輸出到索引表中；直到每個區塊都進行編碼完畢，VQ 編碼才結束。

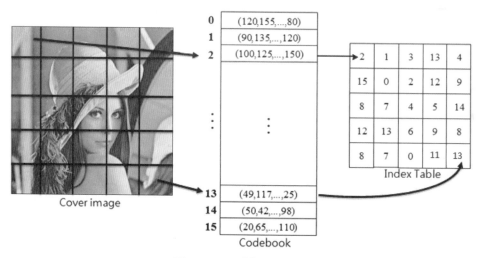

圖 4-9　VQ 編碼流程圖

範例 **06**

我們利用圖 4-10 來解釋 VQ 編碼如何從編碼簿中，尋找最接近的索引值。假設兩個區塊分別為影像區塊 1 與影像區塊 2，其大小為 2*2，編碼簿共有 8 個 codeword，每個 codeword 包含 4 個像素值，也就是說影像區塊的大小為 4。影像區塊 1 的像素值分別為 210，220，190 和 205，這四個像素值分別跟每個 codeword 去計算距離，如公式 (1) 所示。影像區塊 1 與索引值 0 之 codeword 的計算結果 d 為 36225，計算方式如下：

$$d = (210\text{-}100)^2 + (220\text{-}120)^2 + (190\text{-}160)^2 + (205\text{-}90)^2 = 36225$$

210	220
190	205

影像區塊1

0	100, 120, 160, 90
1	50, 35, 20, 10
2	10, 20, 22, 18
3	89, 79, 46, 90
4	180, 220, 230, 200
5	130, 135, 125, 200
6	69, 70, 75, 60
7	30, 40, 45, 42

編碼簿

10	20
15	10

影像區塊2

圖 4-10　影像區塊與編碼簿

以此類推，可以計算出影像區塊 1 跟其他 codeword 的距離，跟索引值 1 之 codeword 的距離為 126750，跟索引值 2 之 codeword 的距離為 143193，跟索引值 3 之 codeword 的距離為 68483，跟索引值 4 之 codeword 的距離為 2725，跟索引值 5 之 codeword 的距離為 17875，跟索引值 6 之 codeword

的距離為 76631，跟索引值 7 之 codeword 的距離為 112394，所以跟影像區塊 1 最接近的為索引值 4 之 codeword，因此使用索引值 4 做為影像區塊 1 的編碼。再利用影像區塊 2 來說明，影像區塊 2 的像素為 10，20，15，和 10，利用公式 (1)，分別跟每個 codeword 計算距離，跟索引值 0 之 codeword 的距離為 45525，跟索引值 1 之 codeword 的距離為 1850，跟索引值 2 之 codeword 的距離為 113，跟索引值 3 之 codeword 的距離為 17083，跟索引值 4 之 codeword 的距離為 159225，跟索引值 5 之 codeword 的距離為 75825，跟索引值 6 之 codeword 的距離為 12081，跟索引值 7 之 codeword 的距離為 2724，可以看出，索引值 2 之 codeword 跟影像區塊 2 是最接近的，所以使用索引值 2 做為影像區塊 2 的編碼。

影像壓縮率取決於編碼簿大小，若編碼簿大小為 16，表示只需要 4 bit 即可表示 16 個像素值，若編碼簿大小為 128，表示只需要 7 bit 即可表示 16 個像素值，若編碼簿大小為 256，表示只需要 8 bit 即可表示 16 個像素值，以此類推。

三、向量量化解碼 VQ decoding

相較於 VQ encoding，VQ decoding 速度相對的快上許多。VQ decoding 只要將 index table 裡的 index，透過 codebook 裡面的 codeword 來還原，填滿整張圖，即可解碼完畢。如圖 4-11 所示，index table 第一個 index 是 2，從 index table 裡面找到 index 2，並將其 codeword 輸出還原到影像，直到 index table 裡的每一個 index 還原即可。

圖 4-11　VQ 解碼流程圖

　　在不同的編碼簿下，VQ 編碼後的結果會是不相同的，當編碼簿大小越大，其影像品質相對提升，如圖 4-12 所示，當編碼簿大小為 1024 時，其影像很接近 (a) 原始影像，但每個區塊的搜尋範圍增大導致 VQ 編碼時間較久。

(a) 原始影像　　　　　　　　　　(b) 編碼簿大小 128

(c) 編碼簿大小 256　　　　　　　　　(d) 編碼簿大小 512

(e) 編碼簿大小 1024

圖 4-12　灰階影像 Gold hill 在不同編碼簿下的 VQ 影像

4.4 結語

　　在壓縮域影像處理中，分成兩種類型，有損與無損，針對不同的效果，來使用不同的壓縮方式。許多影像處理方式，如 JPEG，GIF，DWT，DCT 等，到最後都是為了讓影像具有高壓縮率，讓影像傳輸時，時間上更加的迅速。在這個章節中，讓讀者了解到傳統的壓縮技術與影像上的壓縮技巧，讓讀者可以了解不同的壓縮技術具有不同的功能取向。

問題與討論

1. 實作 LZW 編碼與解碼，內容為 LOVEPEACELOVEPEACELOVEPEACEI LOVEPEACEILOVE。

2. 設計一張黑白影像，並實作 Run Length，計算出其壓縮率。

3. 利用 Python 程式語言撰寫 Vector quantization encoding 和 decoding。

4. 比較編碼簿長度不同時，VQ 編碼與解碼的時間速度與影像品質。

5. 利用 Python 程式語言撰寫 3bit LSB，並計算其壓縮率。

05

Python 影像處理軟體應用

導讀 〉

數位化影像在日常生活中，不計其數，每一張數位影像都有自己存在的價值，團體照片，可以回憶朋友之間的感情，掃描文字影像，可以不用手抄文稿，超速罰單影像，可以警惕自己下次不要超速。但在這麼多影像中，各有各的應用，在不同的應用上，就需要不同的影像處理方式來調整影像，讓影像更能表現出特有的風格，在這個章節中，將介紹一些常用的影像處理方式。

◖前言◗

根據數位影像的用途，運用不同的影像處理方式，讓數位影像表現出使用者想要的特定結果。這個章節，將透過 Python 程式語言搭配 OpenCV 套件，來介紹影像處理方式。

5.1 Python 簡介

前幾個章節中，說明空間域、頻率域與壓縮域的影像處理技術，但要如何使用將這些影像處理技巧輕鬆的應用到數位影像中，就必須透過一些軟體來實作。常見的影像處理軟體不外乎 Photoshop，Photoimpact，Adobe illustrator，這些都是可以輕鬆的透過軟體介面來實作影像處理，另外一種比較進階，也比較專業的就屬於程式軟體，像是 C 語言、JAVA、Matlab、Python 都是可以利用來實作影像處理的程式軟體，修改像素值，設定參數等。其中使用 Python 中的 OpenCV 套件更適合處理數位影像，OpenCV 具備了多種影像處理函式（function），可以供讀者直接使用。

Python 可以直接開啟瀏覽器並搜尋 "Python"，便可以輕易連結至官方網站，也可以從網址列輸入 https://www.python.org/ 來下載取得。除了 Python 程式語言以外，我們需要一個整合開發環境（Integrated Development Environment, IDE）來幫助我們進行程式的實作，在本章中我們使用 Jupyter Notebook 來進行影像處理的實作。

當 Python 已經可以成功在 Jupyter Notebook 之後，我們必須安裝 OpenCV 套件，來讓我們使用套件中所提供的影像處理函式。在本章中，將使用 Python 程式語言，搭配 OpenCV 套件來在 Jupyter Notebook 的環境時作多種影像處理方式，讓讀者了解，自己透過程式軟體處理數位影像，也不是件難事，反而更能調整出符合自己需要的影像結果呢。

圖 5-1 為 Jupyter Notebook 的操作介面，可以觀察到 Jupyter Notebook 的佈局方式相當簡單，除了上方的工具列以外，就只有剩下的指令區。Jupyter Notebook 最大的優點是我們可以選擇單一區塊進行程式的執行，而不需要每次都將整個程式執行，不僅方便我們偵錯，同時對於某些需要較長時間執行的程式可以更節省時間。

　　要用到儲存空間，如變數，清單等，可以直接從指令區進行輸入，如圖 5-2 所示，在指令區輸入一個變數 a＝8 和陣列 b＝1,2,3,4,5，當我們直接印出變數值時，可以看到在指令區的下方可以看到所輸出的結果，同時，我們可以透過 type() 的函數，來檢查其資料型態。

圖 5-1　Jupyter Notebook 操作介面

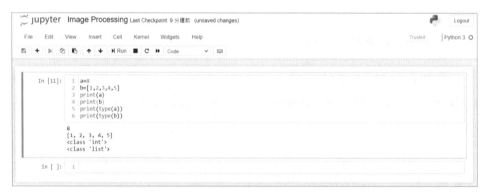

圖 5-2　Jupyter Notebook 介面說明

5.2 空間域

　　這小節中，透過 Python OpenCV 來處理空間域影像處理技術，空間域影像處理技術如模糊化，銳利化。模糊化的功能是將影像模糊化或是減少降低雜訊，透過模糊化來達到去除影像中不必要的較小細節，並可以將影像中線段或曲線間的斷層修補，使得看起來影像較為圓滑。銳利化的功能主要是將影像銳利或是增強對比度，可以突顯出影像的細微的邊緣處。

　　在 OpenCV 中提供了許多函式來幫助我們針對影像進行濾波，本節中將介紹兩種濾波器，分別為模糊化濾波中的 Gaussian lowpass filter 與加強邊緣濾波中的 Prewitt horizontal edge-emphasizing filter，我們透過下列範例來進行練習。

範例 **01**

Gaussian lowpass filter

　　Gaussian lowpass filter 影像處理，是一種模糊的影像處理技術，我們利用一張灰階影像「Girl」來實作 Gaussian lowpass filter，在 OpenCV 中，我們使用 cv2.GaussianBlur（image, kernel_size, sigma）方法來實作：

```
1.  import cv2
2.  import numpy as np
3.  img = cv2.imread('girl.jpg')
4.  blur = cv2.GaussianBlur(img, (3, 3), 0.5)
5.  cv2.imshow('image', blur)
6.  cv2.waitKey(0)
7.  cv2.destroyAllWindows()
```

　　圖 5-3(a) 為原始影像「Girl」與圖 5-3(b) 經過 Gaussian lowpass filter 處理的影像，其中第一個參數為需要進行模糊化的影像，接著為卷積的矩陣大小，範例中我們設定為 3*3，第三個參數為 sigma 值，我們設定為 0.5。在圖 5-3 中，看不出些模糊效果，此時可以將矩陣大小做些調整或是 sigma 參數做些調整，讓模糊效果達到使用者的目標。圖 5-4(a) 的濾波為 blur＝cv2. GaussianBlur(img,(5,5), 0.5)，我們將矩陣大小設為 5*5，sigma 參數還是一樣 0.5，模糊程度上看不出其效果，接著我們將 sigma 參數設為 100，filter＝blur＝cv2.GaussianBlur(img,(5,5), 100)，如圖 5-4(b) 所示，其模糊效果就較為明顯。當我們了解參數設定對於影像差別時，我們就可以調整到我們想要的處理程度。

 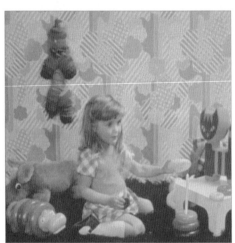

(a) 原始影像「Girl」　　　　　　(b) 經過 Gaussian lowpass filter
　　　　　　　　　　　　　　　　　　處理的影像

圖 5-3　利用 Gaussian lowpass filter 來過濾影像

(a) Sigma=0.5   (b) Sigma=100

圖 5-4　經過 Gaussian lowpass filter 處理的影像，
矩陣大小 5*5，不同的 sigma 參數

Prewitt horizontal edge-emphasizing filter

　　Prewitt horizontal edge-emphasizing filter 影像處理，是一種邊緣加強的
影像處理技術，我們利用一張邊緣較多的灰階影像「Barbara」來實作 Prewitt
horizontal edge-emphasizing filter：

```
1.  import cv2 as cv2
2.  import numpy as np
3.
4.  img = cv2.imread('barbara.png', cv.COLOR_BGR2GRAY)
5.
6.  kernel_x = np.array([[1,1,1],[0,0,0],[-1,-1,-1]],dtype=int)
7.  kernel_y = np.array([[-1,0,1],[-1,0,1],[-1,0,1]],dtype=int)
8.
9.  x = cv2.filter2D(img, cv.CV_16S, kernel_x)
```

```
10. y = cv2.filter2D(img, cv.CV_16S, kernel_y)
11.
12. absX = cv2.convertScaleAbs(x)
13. absY = cv2.convertScaleAbs(y)
14.
15. cv2.imshow('Prewitt_horizon', absX)
16. cv2.imshow('Prewitt_vertical', absY)
17. cv2.waitKey(0)
18. cv2.destroyAllWindows()
```

圖 5-5 為 (a) 原始影像「Barbara」與經過 (b) Prewitt horizontal edge-emphasizing filter 處裡的影像，Prewitt edge-emphasizing filter 處理時，會有一個矩陣，這個矩陣影響偵測邊緣的結果，其預設為：

$$\begin{bmatrix} 1 & 1 & 1 \\ 0 & 0 & 0 \\ -1 & -1 & -1 \end{bmatrix}$$

即程式碼中的 kernel_x 變數，可以看出其矩陣濾波水平值都是一樣的，這個矩陣就是主要偵測水平的邊緣，當我們將矩陣設定成：

$$\begin{bmatrix} 1 & 0 & -1 \\ 1 & 0 & -1 \\ 1 & 0 & -1 \end{bmatrix}$$

其矩陣濾波垂直值都是一樣的，即程式碼中的 kernel_y，也就是說，此矩陣主要偵測垂直的邊緣。利用此矩陣，將影像進行濾波處理，其結果為圖 5-6，跟圖 5-5(b) 比較，「Barbara」影像左上方的櫃子中，有躺平放的書本，也有站立放的書本，其邊緣也就是水平跟垂直的效果，在圖 5-5(b) 中，可以看出躺平放的書本的邊緣有被強調出來，但是站立的書本，其邊緣沒有特別強調出來。在圖 5-6 中，卻顛倒了，垂直邊緣被特別強調出來了，這也就是

參數矩陣的作用，使用者想要特別強調的角度，細節，方向，皆可以透過參數矩陣的設定，來加以調整，讓處理過後的影像，能更貼近使用者當初想要呈現的結果。

(a) 原始影像「Babara」

(b) 經過 prewitt filter 處理的影像

圖 5-5　利用 prewitt filter 來過濾影像

圖 5-6　修改 Prewitt edge-emphasizing filter 矩陣參數的影像結果

5.3 頻率域

這小節中，透過 Python 中的 OpenCV 來處理頻率域影像處理技術，OpenCV 內建的函式中，具有許多利用在影像上，訊號上處理的函式，像是 dct，idct，dct2，idct2，分別是一維跟二維的 DCT 轉換。但是，如果欲使用的頻率域影像處理技術，沒有在內建函式裡面的話，使用者也可以自行撰寫函式，存成一個 module，當然，也可以到討論區下載別人寫好的函式庫來使用。這小節還是以內建的函式來做說明，分別介紹本書頻率域影像處理中提到的用於二維陣列的 dct2、idct2。

DCT2、IDCT2

在 DCT2 的介紹裡，使用原始影像為「Peppers」當作範本，圖 5-7 所示，(a) 為原始影像「Peppers」，(b) 為 DCT 處理後的資訊。可以看出 DCT 將「Peppers」內的重要資訊都存放在最左上角的範圍內，使用者再透過 IDCT 即可將「Peppers」成功的還原到原始影像。在上一章壓縮域提到，若資訊為一連串相同的值，或是鄰近像素值非常類似，可以達到更好的壓縮率，從圖 5-7(b) 可以看出，幾乎都是黑色的像素值，在壓縮上會有相當好的壓縮率。利用 Python 實作步驟如下：

```
1.  import cv2
2.  import numpy as np
3.  # 讀取圖像
4.  img = cv2.imread('peppers.bmp',0)
5.  # 將型態轉換成 float 後，再計算 DCT
6.  img_float = img.astype(np.float)
7.  # 使用 OpenCV 中的 dct 函式
```

```
8.  img_dct=cv2.dct(img_float)
9.  # 將型態轉換成 OpenCV 允許顯示的型態
10. result= img_dct.astype(np.uint8)
11. # 顯示結果
12. cv2.imshow('image', result)
13. cv2.waitKey(0)
14. cv2.destroyAllWindows()
```

當還原到原始影像「Peppers」時，如圖 5-7(c)，接續上述程式碼繼續實作：

```
1.  # 將 DCT2 影像作為參數傳入 idct 函式
2.  img_idct=cv2.idct(img_dct)
3.  # 將型態轉換成 OpenCV 允許顯示的型態
4.  result=img_idct.astype(np.uint8)
5.  # 顯示結果
6.  cv2.imshow('image', result)
7.  cv2.waitKey(0)
8.  cv2.destroyAllWindows()
```

(a)

(b)

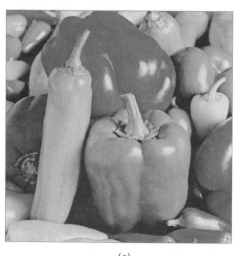

(c)

圖 5-7　灰階影像「Peppers」經 DCT2 轉換後的結果，與 IDCT2 還原後的影像

　　在 DCT 轉換過程中，不同的影像，轉換出來的 DCT 資訊也不同，但是資訊都集中在左上角的概念是不變的，圖 5-8 總共有六張經過 DCT 處理後的灰階影像資訊，你能猜出哪張是圖 5-7 的「Peppers」經過 DCT 處裡的資訊嗎？ 每一張灰階影像經過 DCT 處理後的資訊都很類似，(a) 為「Lena」，(b) 為「Baboon」，(c) 為「Airplane」，(d) 為 圖 5-5 的「Peppers」，(e) 為「Toys」，(f) 為「Girl」。

(a) Lena 的 DCT 資訊　　　(b) Baboon 的 DCT 資訊　　　(c) Airplane 的 DCT 資訊

(d) Peppers 的 DCT 資訊　　　(e) Toys 的 DCT 資訊　　　(f) Girl 的 DCT 資訊

圖 5-8　不同灰階影像所產生出的 **DCT** 資訊

5.4　常見影像處理技術

其他影像處理技術中，將提到兩種影像調整常用到的技術 – 放大 / 縮小
（Resize）與旋轉（Rotation）。

範例 **04**

Resize

在放大縮小的技術中，OpenCV 中提供 resize(width, height, fx,, fy,
interpolation = 'method') 函式來進行影像的縮放，我們可以直接透過參數
(width, height) 來直接指定調整後的影像的長寬，或是使用 (fx, fy) 來指定
縮放的倍數，其中 interpolation 的部分能讓使用者自行選擇不同的內插法，
OpenCV 所提供的縮放方式如表 5-1。

表 5-1　OpenCV 中的五種縮放模式

插值方法	方法描述
INTER_NEAREST	使用鄰近像素值法進行插值。
INTER_LINEAR	雙線性插值，預設為此設定。
INTER_AREA	使用像素區域的關係，對像素進行重採樣。
INTER_CUBIC	作為像素範圍，以像素的相鄰像素進行雙三次插值。
INTER_LANCZOS4	作為像素範圍，使用 Lanczos 演算法進行插值。

我們利用 nearest 來實作放大與縮小的技術如下列步驟：

```
1   import cv2
2   import numpy as np
3   img = cv2.imread( 'tiffany' .jpg')
4   # 縮放倍率 =200%
5   img_resized)2 = cv2.resize(img, None, fx=2.0, fy=2.0,
    interpolation= cv2. INTER_NEAREST)
6   # 縮放倍率 =50%
7   img_resized_1 = cv2.resize(img, None, fx=0.5, fy=0.5,
    interpolation= cv2. INTER_NEAREST)
8   # 顯示縮放後的影像
9   cv2.imshow('image', img_resized_1)
10  cv2.imshow('image', img_resized_2)
11  cv2.waitKey(0)
12  cv2.destroyAllWindows()
```

其步驟非常簡單，可以輕易的將影像放大兩倍，若要將原始影像縮小一半，只需要將 fx 與 fy 參數修改成 0.5 即可。圖 5-9 分別將原始影像「Tiffany」進行放大與縮小的影像調整，圖 5-9(a) 為原始影像，(b) 為縮小一半的影像，(c) 為放大一倍的影像。

(a) 原始影像

(b) 縮小至 50%

(c) 放大至 200%

圖 5-9　原始影像「**Tiffany**」進行放大與縮小的影像調整

 範例 **05**

Rotation

　　許多攝影者，在拍攝照片當下，可能忽略到構圖中的水平，這時候就需要後續處理來做調整水平的動作，最簡單的就是將影像進行旋轉的動作，讓整張照片有一個立足的水平點。在這邊將利用 OpenCV 來進行旋轉的動作，

我們使用 cv2.getRotationMatrix2D（center, angle, scale）函式，其運作模式必須先找到圖片的中心點作為旋轉的軸心，即參數 center，並且輸入旋轉角度的參數（angle），以及縮放的倍數（scale），最後會透過 cv2.warpAffine() 方法將旋轉後的影像投射到新的一張空白影像上，其程式碼如下：

```
1.  import cv2
2.  import numpy as np
3.  img = cv2.imread('toys.bmp')
4.  # 讀取圖片格式
5.  (h, w, d) = img.shape
6.  # 找到圖片中心作為旋轉軸心
7.  center = (w // 2, h // 2)
8.  P = cv2.getRotationMatrix2D(center, -30, 1.0)
9.  # 第三個參數變化後的圖片大小
10. rotate_img = cv2.warpAffine(img, P, (w, h))
11. cv2.imwrite('rotate_img.jpg',rotate_img)
12. cv2.imshow('image', rotate_img)
13. cv2.waitKey()
14. cv2.destroyAllWindows()
```

(a) 原始影像

(b) 旋轉 30 度

圖 5-10　灰階影像「**Toys**」與經過旋轉 30 度後的影像

5.5 結語

　　在影像處理中，常用的影像調整方式，看似簡單容易，但實際利用程式軟體還是需要對影像上有些許知識，從第一章開始到第四章都在說明數位影像的不同領域與基本概念，有了這些概念，第五章相對一到四章容易許多。本章節透過 Python 程式語言搭配 OpenCV 套件，來實作影像處理，OpenCV 中內建許多函式可以供影像調整處理使用，使用上相當的方便。從簡單的操作來更了解影像處理的技巧，是本章節透過 OpenCV 來介紹的目的。

問題與討論

1. 拍一張數位影像照片，照片內容有車牌，透過 Python 搭配 OpenCV 來將車牌的文字突顯出來。

2. 利用 Python 中 OpenCV 套件實作 DWT 影像處理。

3. 將一張照片，進行模糊化，在進行銳利化，並說明其結果。

4. 利用掃描機掃描一張文字手稿，利用邊緣加強處理方式，使得文字更加清晰。

5. 透過程式軟體，將影像放大 3 倍，並比較不同內插法的結果。

2

數位媒體與應用篇

數位媒體安全

導讀

影像處理是多媒體應用中的一個部份，其應用於偽裝包括了掩體與資料二個重要的角色，缺一不可。而載體為掩體與資料所結合後的最終產物。偽裝藝術目的在於從人類的視覺感官中無法知悉與了解載體中蘊含有那些資料或是費盡心思從載體中窺探出某些特殊涵意資料。自古至今，偽裝一直有著它特殊的淵源及其歷史背景，因此本章我們介紹此應用的歷史文化，再透過簡單的文字嵌入來引領大家進入影像處理應用之世界。

6.1 多媒體偽裝

　　偽裝學（Steganography）– 此名詞，其源自於希臘「Steganos」與「Graghein」。它目的為雙方或雙方以上欲建立一個秘密通訊的頻道來傳遞訊息，這裡的頻道意指各式各樣的媒介，如文字、圖形、甚至視訊檔案皆可做為掩護，在其掩護之下傳遞秘密的訊息。偽裝學最早的歷史應從中古世紀談起。希臘的歷史學家希羅多德（Herodotus）講述在西元前 440 年左右，希臘人 Histiaeus 打算聯合各殖民地，對抗波斯人（Persians），因此，Histiaeus 就刮除他最信任奴隸的頭髮，並頭皮上刺上對抗波斯人之軍事策略訊息，等到頭髮再長出來便會將訊息掩蓋住，再派遣這位奴隸去通知各殖民地。因此，這種秘密通訊的技術，成功的擊退了對抗波斯人。令人驚訝地是，這個方式在 20 世紀初仍然被一些德國間諜使用。希臘人 Histiaeus 也講述有關一個在波斯法庭的希臘人狄馬徒司（Demeratus）如何利用在一塊竹片上的蠟像進行資訊隱藏的動作，因此成功地預先警告斯巴達（Sparta）即將發生的入侵戰爭。在相關的戰略報告中亦提及可在傳訊人的腳底或者女人的耳環、在木片上刻下訊息並且塗白，或者將紙條綁在鴿子的腳上，方法有如中國古代的飛鴿傳書。甚而可利用關鍵字的寫法改變，如下筆力道輕重的不同、或者在關鍵字上或下畫小圈圈做記號。

　　十六世紀義大利科學家喬凡尼‧波塔（Giovanni Porta）講述了如何將機密訊息隱藏在已煮熟的蛋中，這個原理是利用化學變化的效果來實現資訊隱藏。這個作法是用一盎司明礬和一品脫醋混成的液體當作墨水，將機密訊息寫在蛋殼上。這種液體會穿過透蛋殼，並在硬化的蛋白表層上留下訊息，因此只要剝除蛋殼就可以發現機密訊息。

　　從古至今，偽裝技術的發展是連綿不斷的，唯有掩護媒介由早期物質媒介漸漸的走向數位化的產物，例如：多媒體、文件、數位訊號，這表示偽裝

技術有存在的重要性。但是，它有一個最根本的弱點，就是掩護媒介被知道了或是被破壞了，那麼秘密通訊的內容就曝光或是遺失了。如果每一位衛兵都能仔細的搜查每位過境的旅人、剃剃人民的頭髮、刮一刮蠟板、刮一刮木片、剝剝蛋殼等，所偽裝的訊息有些會敗露的，因此，就衍生了加強訊息安全的技術－密碼法（Cryptography）。

密碼法源自希臘文（Kryptos），即「藏匿」的意思。密碼法與偽裝技術皆有藏匿的涵意，但密碼法轉譯成無意義文字符號，這是跟偽裝技術相異之處。密碼法的一般性釋義就是利用某些程序，把訊息轉換成為無法理解的文字或符號，這個程序則叫做「加密（Encryption）」。早期所使用的密碼法是利用一個事先協議好的規則，將明文訊息（Plaintext）依協議的規則進行處理，處理後就獲得無法理解的密文（Ciphertext），除非你／妳知道協議規則，否則無法知道密文中得知真正的意涵。

密碼法大致上可分為二類：移位法（Transposition）與替代法（Substitution）。「移位法」就是調動字母的順序，例如：有一個字句，其字母調動後的結果為「TEO KILI DTHDN TC NQEN ISPLCT OHBOTTESA AII GEH IUADTAPIAIN」，已知字母的對調規則為將積數位字母排成一列，偶數字母寫在另一排，最後，再將偶數字母串接在積數字母後面，由此規則，可得知真正的意思「THE BOOK TITLE IS DATA HIDING TECHNIQUE AND ITS APPLICATION」。移位法不適用於較短的訊息或一個單字，因為較短的訊息或一個單字重組的方式有限，容易被暴力破解，例如：三個字母的「LAB」，只有六種不同的排列方式，「LAB、LBA、BLA、ABL、BAL、ALB」。不過，如果增加字母數的數目，則排列方式的組合就會變的更多，除非知道字母移位的規則，否則，比較不可能會知道原始的訊息。例如：「Information Cryptology and Construction LAB」這句話只有 39 個單字，卻有 39!（階層）的排列方式。移位法是利用調換字母的組合，愈大量的字母則其安全度愈高，但這個方法會造成迴文謎（Anagram）。「迴文謎」的意思

就是將單字的字母順序對調後，又會產生另一種單字。例如：and 會被組成 dna、eat 會被組成 tea。

　　替代法（Substitution）顧名思義就是原始的字母用其他的字母或符號代替之。最典型的替代法，就非波利比奧斯密碼莫屬了。這個密碼法大約在西元前 2 世紀被一位古希臘政治家叫做波利比奧斯（Polybius）的人所設計出。他的構想是以利用座標的方法，將一個字母表示成二個字。以英文字母而言，利比奧斯密碼法則用了一個 5'5 矩陣來表示（如表 6-1 所示），但是因為英文字母有 26 種表示法，所以，在此一密碼法則，把 i 與 j 視為同一種表示法。例如：有一個連續的數字，其結果為「24 13 13 31 11 44 24 32 13 35 45」，已知這一串數字是利比奧斯密碼來處理，由此規則，可得知真正的意思「ICCL AT IM CPU」。

表 6-1　波利比奧斯密碼

↑	1	2	3	4	5
1	a	b	c	d	e
2	f	g	h	i, j	k
3	l	m	n	o	p
4	q	r	s	t	u
5	v	w	x	y	z

　　偽裝技術與密碼法二者的目的皆為保全機密資料。前者是利用掩護媒體的方式進行資料嵌入；後者則利用了某些方法轉譯明文成無法理知內容的密文。而二者最大的差異莫過於轉譯／嵌入的本質。以前者而言，偽裝前與偽裝後的本質，並不會產生變化。而後者的本質，則會產生巨大的變化。如果，根據這個差異就妄下定論判斷密碼法劣於偽裝方法，這樣的比較是不公平的。與其爭論何種方式較好，倒不如說，各有其優缺點，且每個方法的應用範疇也不盡相同。

　　偽裝透過多媒體之影像處理方式，主要的目的是讓數位資訊可以安全的在網路上傳遞，並不會引起別人的注意。在 1999 年 Petitcolas 等人對偽裝之資訊隱匿（Data Hiding）的目的做了大概的分類，如圖 6-1 所示，分成四大類，包括有隱匿式通道（Covert Channels）、偽裝法（Steganography）、匿名法（Anonymity）與版權標記（Copyright Marking）等。下列我們將簡單分述其各類別的涵意：

圖 6-1　資料隱匿研究分類表

1.　隱匿式通道：找到一個讓別人無法察覺的秘密通道，並將機密訊息由此通道洩漏出去。木馬程式（Trojan）就是利用隱藏式通道的方式來擷取受害電腦上的資訊或取得控制權。

2.　偽裝法：所謂偽裝法在於將所要傳遞的機密訊息藏入所選定的偽裝媒體中，唯有正確的金鑰才能得以萃取出其中的嵌入資料亦或隱匿訊息。最

典型的例子為因犯逃脫問題：甲與乙雙方欲共謀從牢獄中脫逃，但典獄長會去注意牢獄中的所有資訊，如果甲與乙傳遞加密訊息，會讓典獄長有所警覺，甚至會使得計畫曝光。因此他們最好的方法就是將逃獄計畫準備藏在一份看似一般的圖形，例如：蒙那麗莎的微笑圖、風景照片中，如此就可達到祕密通訊的目的。而這樣的方法通常並不會改變原始影像圖（祕密隱匿前）的大小，這使得攻擊者不易查知隱藏於所偽裝的影像圖（祕密隱匿後）中資料的多寡，更不易以此直接進行分析。

3. 匿名法：指傳送者與接收者在傳遞訊息時，隱匿的雙方皆以假名（Pseudonym）的方式傳送訊息，讓其他人無法竊取資訊與追蹤來源，常見的方法就是發送匿名文件或郵件。

4. 版權標記：為了達成所有權的宣稱或檢查數位媒體是有被竄改，所有權者可以在數位媒體中藏入所有權人資訊。在目前的應用上，最具代表性的就是代表相關所有權者資訊的數位浮水印。而此與一般性偽裝法的研究上最大的差異在於：一般性偽裝法著重於所嵌入的資料量，亦即容量（Capacity），且無法承受一般影像處理的攻擊。相對的，數位浮水印的版權標記則強調所嵌入的資料在受一般影像處理的攻擊後的浮水印仍可能殘留情況。

　　基於個人隱私的需要，不論是個人資料亦或是人與人間的對談，對於祕密通訊的需求是有增無減。在過去，便有人就是透過隱形墨水、暗號與暗語等方式來隱匿訊息。一直到數位時代的崛起，於是進入多媒體的資料嵌入裡偽裝的發展。在本章中，我們將以影像處理為背景介紹如何處理文字的嵌入。透過範例，讓讀者能進一步瞭解存在於影像處理機制的偽裝學概念。

6.2 偽裝的藝術

　　廣義的影像處理偽裝就是將有意義的資料附加或嵌入至接觸介（觸媒）中。因為觸媒的種類有很多種，因此，在本章中，我們將介紹出坊間最常被用來掩護的觸媒，如：文字與圖形，以了解實作的方式。

6.2.1 文字偽裝

　　語言與文字是與人們的生活習慣最息息相關的。語言文字的偽裝主要是利用音符的不同建立特殊的音符與字母對照表。至今日，近代推理小說 << 莫札特不唱搖籃曲 >> 及 << 達文西密碼 >> 也都巧妙的結合樂譜可能隱匿的機密資料來達到資料隱匿的意義。以小說的故事為例，藉由故事裡莫札特死之謎與有心人追根究底下進行訊息隱藏的目的與探索。在 << 莫札特不唱搖籃曲中 >>，劇中人物更以德國人所使用的「音名」與義大利人的音名建立聯結，留下機密的訊息，並且依音名在英文字母裡的順序將其轉換成數字後，再與機密訊息的數字作相加的運算，最後得到真正的機密訊息。

　　除此之外，文字藏匿方法亦可利用文字的特性並建立不同的特殊規則。例如：以文字中的第一個字母（元）、每行中最後一個或二個字母（元）、或用猜謎題的方式。

範例 **01**

> Dear Alice,
>
> Greetings to all at Oxford. Many thanks for your
>
> Letter and for the summer examination package.
>
> All Entry Forms and Fees Forms should be ready
>
> for final dispatch to the syndicate by Friday
>
> 20th or at the very latest, I'm told, by the 21st.
>
> Admin has improved here, though there's room
>
> for improvement still; just give us all two or three
>
> more years and we'll really show you! Please
>
> don't let these wretched 16 + proposals destroy
>
> your basic O and A pattern. Certainly this
>
> sort of change, if implemented immediately,
>
> would bring chaos.
>
> > Sincerely yours
> >
> > *Bob*
> >
> > Feb. 28, 2011.

　　表面上看起來可能只是單純的一封信，但如果將上文中，每一句的最後一個單字擷取出來，再組合就可得到「your package ready Friday 21st room three please destroy this immediately」完整的訊息。

範例 02

　　1943 年第二次世界大戰中，美國的郵差發現了一封信件，是寄給 1619 室的聯邦建築公司的「F‧B‧Iers」先生的明信片。事實上，這個住址與這個人是虛構的。根據名片收信人的首字母中，可以輕易的了解，此明信片是要寄至聯邦調查局（FBI）。在經過調查後，發現明信片是一位為 Frank G. Jonelis 的少尉從日本的一所戰俘集中營中寄出來的。這一張明信片成功的通過了日本與美國郵政單位的檢查。最後 FBI 將每一行的前兩個字讀出便可以得到這句話：投降之後，美軍在菲律賓損失百分之五十、在日本損失百分之三十。

> DEAR IERS:
>
> **AFTER SURRENDER**, HEALTH IMPROVED
>
> **FIFTY PERCENT**. BETTER FOOD ETC.
>
> **AMERICANS LOST** CONFIDENCE
>
> **IN PHILIPPINES**. AM COMFORTABLE
>
> **IN NIPPON**. MOTHER: INVEST
>
> **30%**, SALARY, IN BUSINESS. LOVE

　　表面上只是普通的信件，內容並沒有可疑之處。但是，如果我們將明信片裡每一行的前二字連起來讀，可發現這是一句有意義的句子，裡面透露了美軍損失的訊息「**AFTER SURRENDER FIFTY PERCENT AMERICANS LOST IN PHILIPPINES IN NIPPON 30%**」。（意即為「投降之後，美軍在菲律賓損失百分之五十、在日本損失百分之三十。」）

從上述的偽裝學的歷史與介紹如何英文字偽裝技術，讓人有一種「文字偽裝技術只被運用於西方的國家」的迷失。事實上，在中國古代戰爭時已經有偽裝的想法了。他們將文字寫於絲綢之上，再將其捲成球狀，裹上一層蠟後，令人吞下後傳遞祕密資訊。不同於西方國家的偽裝技術，歷史裡，中國亦利用淵博的文學來建立傳遞秘密訊息的方式。

範例 03

唐伯虎是明朝才華洋溢的才子，素有「江南四大才子之首」之封號。雖然唐伯虎集聰明才智於一身，但他為了「秋香」賣身華府當書僮並改名字為「華安」。華府老太太為了想請能書善畫的華安畫一幅觀音像，唐伯虎提出了三個條件，分別是：要一件清靜的畫室、其他人不得接近、要秋香來幫忙磨墨鎮紙。最後，當唐伯虎畫完水墨觀音圖時，興致一來在畫作上提了一首詩。從這首詩中，表現上看並沒什麼

> 我聞南海大士，
> 為人了卻凡音，
> 秋來明月照柴門，
> 香滿禪堂幽徑，
> 屈指靈山會後，
> 居然紫竹成林，
> 童男童女拜觀音，
> 僕僕何居榮幸。

異狀，但是如果從每一句子中的第一個字來讀，可發現這是一句有意義的句子，裡面透露了唐伯虎到當書僮的目的為「我為秋香屈居童僕」。

另外唐伯虎賣身華府的賣身契中，亦出現了一些端倪了。從賣身契中每一句子中的第一個字來讀，可發現「我為秋香」句子。

> 我康軒今年十八歲，姑蘇人士，身家清白素無犯過，只
> 為家況清貧，鬻身華相府中充當書僮，身價五十兩，自
> 秋節起暫存帳房，待三年後支取，從此承值書房，每日焚
> 香掃地洗硯磨墨等事，聽憑使喚，從頭做起，立此為據。

除可將謎題寫成一首詩一樣，把謎底藏在詩中，有時是依照字形分解，有時則是著眼於字義。解釋時通常要花費許多心思，有些是整首詩一個謎底；有的是每一句各一個謎底，組合起來是一句隱藏的訊息。字謎詩與拆字詩兩者有異曲同工之處，兩者皆是根據作者在每一句詩詞裡的提示進行解題，其差別在於拆字詩比較淺顯易懂，根據字面給予的提示進行文字拆解就可以解出隱匿資料；而字謎詩摻雜了許多猜謎的成分，如果沒有經過一番腦力激盪恐怕無法解出隱匿資料。

範例 **04**

一首女子的絕情詩，其中暗藏玄機，這首詩的謎底是一二三四五六七八九十，讀者你是否猜出來了呢？

原文	解法
下珠簾焚香去卜卦，	第一句　**下**去掉**卜** = 一；
問蒼天，儂的人兒落在誰家？	第二句　**天**落下了**人** = 二；
恨王郎全無一點真心話，	第三句　**王**字**無一** = 三；
欲罷不能罷。	第四句　**罷**去掉**能** = 四；
吾把口來壓！	第五句　**吾**去了**口** = 五；
論文字交情不差。	第六句　**差**即ㄨ，**交**去了ㄨ = 六；
染成皂難講一句清白話。	第七句　**染**黑了就去掉了白色（皂 = 黑色），**皂**去**白** = 七；
分明一對好鴛鴦，卻被刀割下。	第八句　**分**割了下部 = 八；
拋得奴力盡手又乏。	第九句　**拋**去了手（扌）是九；
細思量，口與心俱是假。	第十句　**思**去了**口**和**心** = 十。

6.2.2 影像偽裝

文字與影像（或數位影像）的偽裝方法，有其異曲同工之處。相同的地方為有效的嵌入重要／敏感的訊息，讓別人無法辨識。在不同之處，前者的媒介為文字或是符號；而後者的媒介為影像（圖形）。

影像的嵌入方式一般包含有三種角色：數位影像、資料項、與演算法則，而此三個角色的關係如圖 6-2 所示。所謂「數位影像」是由多個像素（Pixel）所組合而成。每一個像素皆有其特定的數值（亮度值）。依照不同的像素值所組合的影像可分為：二元影像（Binary Image）、灰階影像（Gray-level Image）、彩色影像（Color Image）、立體影像（Stereo Image）、三維影像（3D Image）…等。任何數位化的影像皆可以被用來隱藏機密訊息，唯有不同的影像有其特殊的影像格式，所以，需搭配不同的資訊偽裝技術才能完整的將機密訊息隱藏至影像中。

圖 6-2　偽裝技術的概念圖

機密訊息意即欲被保護的重要／敏感資料。機密訊息的型態可為文字訊息，或是一張重要的圖形，如浮水印或個人資料等。資訊偽裝技術是影像偽裝藝術中不可或缺的重要角色，它也是保護機密訊息的成敗之關鍵點。資訊偽裝技術它是一種方法，如果方法運用得宜，可以成功的達到資訊隱藏的目標，相對的，如果不得宜，不僅無法保護訊息，甚至有可能洩露機密訊息的可能行。至於，良好的資訊偽裝技術必須符合資訊隱藏的原則，在下個小節中會有詳盡的介紹。

6.3 偽裝防護的原則

從古至今，已發展了許多資料嵌入方法，亦或稱之資料／訊隱藏。它們共同的目的是要防止重要資訊外洩。但是從不同的技術中，那些技術的效能是比較好的，都沒有較具體的衡量準則。為了有較客觀的方式來分析不同的技術的優缺點，資訊隱藏技術一般用以下的原則來將技術分類及評斷其好壞，分別有透明性（Transparency）、強韌性（Robustness）及承載量（Payload）等準則。

■ 不可察覺性（或稱透明性）

不可察覺性（Imperceptibility）或稱透明性：係指無法經由人直接感受出資料是否內含秘密訊息，通常與人類的視覺與聽覺特性有關。人類對於外在事物的接受度，一般可分為可察覺性與不可察覺性。可察覺能增加嵌入資料可見度可提高其對影像是否有所改變的敏感度，但確會破壞原本影像的呈現；不可察覺能保持原本影像的呈現，但對影像的處理毫無敏感度可言。若利用簡單的方法嵌入浮水印，例如選擇影像像素值的 Bit-6 與 Bit-1 來嵌入資料，則前者 Bit-6 的內含資料可以明顯被察覺，而 Bit-1 則不可察覺，如下圖

6-3 所示。換言之，在此例中，對於浮水印式的資料嵌入，即有可察覺亦或不可察覺的型式。並依使用目的的需求來決定何種應用與技術開發。

Bit-6   Bit-1

圖 6-3　可察覺浮水印與不可察覺型浮水印嵌入結果

■　強韌性及承載量

1. 強韌性（Robustness）：係指資料經過嵌入後的影像在一般正常使用情況下（如檔案格式轉換、壓縮等）或非法者的惡意破壞（如竄改、干擾等）後，能有效取出所嵌入的資料的程度，取出的愈完整則愈強韌。

2. 高承載量（Payload）：或稱高容量（Capacity）係指在可接受的影像（已經嵌入資料）品質條件下，儘可能的增加嵌入的資訊量。

■　空間域或轉換域（Spatial Domain or Transform Domain）

在資料嵌入的技術中，常利用轉換域方法（用影像信號）來嵌入資訊。亦或使用空間域的方式直接對影像像素處理（以位元為基礎的最低位元技術）。

轉換域方法是近年來常用在數位浮水印的技術之一，原因是大部分的影像為了方便儲存或在網路上傳輸，大多會進行一些影像處理（Image Processing），例如放大、縮小、模糊、銳化、壓縮或格式轉換等。而這些動作對於影響本身容易造成資訊的遺失，進而影響資訊的完整性。因此轉換域方法不直接對影像像素處理，而是採用函數映對（轉換）的方式，將影像透過特定的函數，如離散傅立葉轉換（DFT；Discrete Fourier Transform）、離散餘弦轉換（DCT, Discrete Cosine Transform）、離散小波轉換（DWT, Discrete Wavelet Transform）等，轉換成相對應的係數（Coefficient），以便看出影像特徵、能量（Energy）、邊界（Edge）、頻率（Frequency）等各種特性，再將資訊隱藏在受影響較小的係數位置上。

■ 檔案格式依賴性

偽裝學的方式與所選擇影像（亦稱掩體）的檔案格式有些依賴性，例如較低位元處理的影像處理空間域方法，會依賴嵌入後的影像（載體）的檔案格式。

6.4 偽裝工具的介紹

■ FileStegano

FileStegan 這款偽裝工具目前更至版本 1.1.1，並支援 Windows10/8/7/Vista/XP 等作業系統使用，是一個容量非常小的可攜式軟體，且提供了非常簡易使用的介面來幫助使用者將檔案進行偽裝保護，在格式上提供了 PDF、BMP、JPG、PNG 檔案格式來進行偽裝。可以透過左上角功能欄中的藏匿（Hide）與復原（Recover）來完成訊息的嵌入與取出，如圖 6-4 所示。

範例 **05**

FileStegan 整體操作過程

■ 嵌入的操作過程

步驟一：首先，選取功能欄中的 Hide，並點選 Cover File 下的 Browse 按鈕，就可以瀏覽需要進行偽裝的影像載體。

圖 6-4　FileStegano 操作介面

步驟二：瀏覽需要進行偽裝的影像，在範例中，我們選擇尺寸為 512×512 的 peppers.bmp 作為偽裝的載體影像，如圖 6-5 所示。

圖 6-5　原始影像 Pepper.bmp

選取"peppers.bmp"並按下開啟，如圖 6-6 所示。

圖 6-6　瀏覽需要進行偽裝的載體影像

步驟三：準備需要進行藏匿的秘密訊息，我們可以透過建立一個新記事本命名為"secrets.txt"，並設定一段秘密訊息為"Welcome to ICCL"輸入至記事本中並存檔，如圖 6-7 所示。

圖 6-7　秘密訊息的範例

步驟四：接著在 File to hide 底下，點選 Browse 按鈕來瀏覽剛所建立的 secrets.txt 檔案，並在下方的 Passphrase 中自訂一段密碼，當訊息取出時必須先輸入密碼才可以將訊息從影像中取出，同時可以將左下角的 Open Stego-file when done 勾選，當按下 Hide 按鈕後就可以直接開啟並查看已經偽裝完成的 Stego 影像，如圖 6-8 所示。

圖 6-8　輸入自訂密碼及勾選開啟偽裝影像檔案

步驟五：選擇偽裝影像需要儲存的檔案路徑，並可以自訂檔案名稱，在此將偽裝影像命名為 "stego.bmp" `，如圖 6-9 所示。

圖 6-9　選擇偽裝影像儲存路徑

步驟六：當資料成功嵌入，程式會彈出 File encrypted and hid successfully 的文字訊息，則代表已經成功將訊息嵌入至載體影像 "pepper.bmp" 當中，畫面如圖 6-10 所示，接著我們只需將偽裝影像和剛所輸入的密碼傳送給授權的接收方，接收方就可以透過 FileStegano 這款工具來將訊息進行取出。

圖 6-10　偽裝成功的對話訊息

■　嵌入前與嵌入後的影像比較

　　從圖 6-11 中，我們可以發現嵌入前後的影像 "pepper.bmp" 與 "stego.bmp" 幾乎無法透過肉眼辨識偽裝影像中有嵌入額外的訊息。

(a) 原始影像 "pepper.bmp"　　　　　　(b) 偽裝影像 "stego.bmp"

圖 6-11　結果比較

■ 取出的操作過程

步驟一：當接收方收到偽裝影像 "stego.bmp" 後，可以點選 FileStegano 功能列中的 Recover，相同地，只需要在 Stego file 下點選 Browse 進行瀏覽，如圖 6-12 所示。

圖 6-12　取出訊息的功能介面

接著選從傳送端傳送過來的偽裝影像 "stego.bmp"，如圖 6-13 所示。

圖 6-13　選取偽裝影像 "stego.bmp"

步驟二：當接收方從安全的通道接收到傳送方的密碼後，將其輸入至 Passphrase 中進行驗證，當密碼與傳送方在嵌入時所輸入的一致後，並按下 RECOVER 按鈕，就可以成功地將訊息從偽裝影像中取出，如圖 6-14 所示。

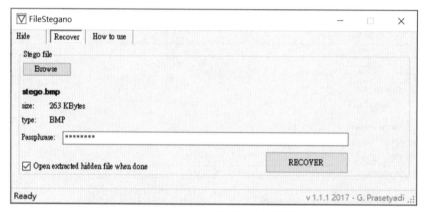

圖 6-14 輸入取出訊息的密碼

步驟三：選擇取出的秘密訊息要儲存的檔案路徑，我們將其命名為 "extracted.txt"，並點選存檔，如圖 6-15 所示。

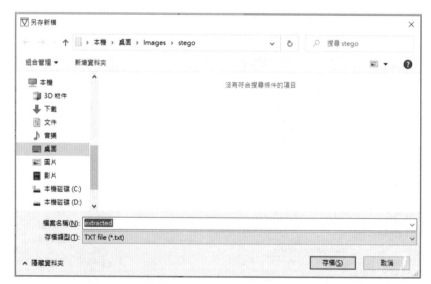

圖 6-15 選擇取出訊息的檔案路徑與檔名命名

步驟四：當應用程式出現文字訊息 "File extracted successfully"，則表示已經成功將訊息取出，倘若有勾選 Open extracted hidden file when done，則當取出完成後會直接開啟嵌入其中的訊息檔案，如圖 6-16 所示。

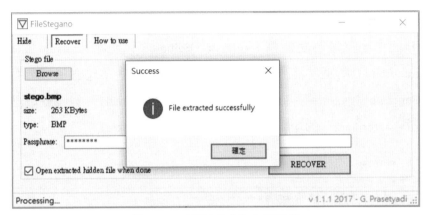

圖 6-16　取出成功的文字訊息

步驟五：打開 "extracted.txt"，並得知傳送方所嵌入在影像中的訊息為 "Welcome to ICCL"，如圖 6-17 所示。

圖 6-17　取出的訊息結果

■ OpenStego

OpenStego 是一款開放且免費的偽裝工具，這款偽裝工具提供兩個主要功能，第一個是基本的資訊隱藏功能，幫助我們可以將訊息嵌入至影像中，第二個則是浮水印嵌入功能，並且同時可以進行浮水印的驗證，在軟體的介面中，左邊為功能欄，在 Data Hiding 底下包含了"Hide data"與"Extract data"兩項功能，在 Digital watermarking 底下包含了，產生浮水印"Generate signature"、嵌入浮水印"Embed watermark"以及驗證浮水印"Verify watermark"的功能，軟體介面如圖 6-18 所示。

圖 6-18　OpenStego 的操作介面

範例 **06**

OpenStego 整體操作過程

■ 嵌入的操作過程

步驟一：假設我們有一訊息 "Information Cryptology & Construction Lab" 儲存在 secrets.txt 中，我們可以將該記事本檔案瀏覽作為即將嵌入影像中的訊息，如圖 6-19 所示。

圖 6-19　需要藏入的秘密訊息

步驟二：在 Message file 下點選右邊的 "…" 按鈕，來瀏覽需要進行嵌入的訊息檔案，如圖 6-20 所示。

圖 6-20　點選 "…" 瀏覽的按鈕

接著選取要嵌入的訊息檔案 "secrets.txt"，如圖 6-21 所示。

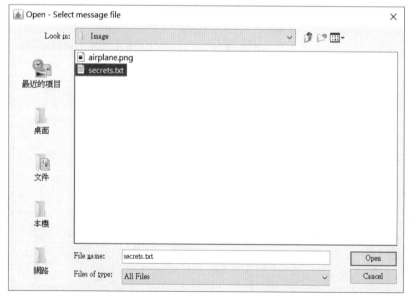

圖 6-21　選取秘密訊息 "secrets.txt"

步驟三：點選 Cover file 下的"…"，來瀏覽需要嵌入的影像載體，在範例中，使用了"airplane.png"作為嵌入訊息的載體影像，如圖 6-22 所示。

圖 6-22 瀏覽載體影像，點選"…"按鈕

接著選擇 airplane.png，並按下開啟，如圖 6-23 所示。

圖 6-23 選取載體影像

步驟四：在 Output stego file 點選 "…" 按鈕來選取偽裝影像將儲存的路徑，
並將偽裝影像命名後並儲存，如圖 6-24 所示。

圖 6-24 選擇偽裝影像儲存的路徑

在範例中，使用 "stego.png" 將偽裝影像進行命名，並點選儲存，如圖 6-25
所示。

圖 6-25 選擇偽裝影像的路徑

步驟五：確認所有欄位，包括了 Message file、Cover file 以及 Output stego file，當所有檔案路徑都選擇好後，可以介面中看到這三個欄位分別都有其對應的路徑，如圖 6-26 所示。

圖 6-26　確認檔案路徑

步驟六：接著可以 Options 下的 Encryption algorithm 選擇加密演算法，在 OpenStego 中提供了 AES128 以及 AES256 兩種演算法，接著在 Password 與 Confirm password 輸入自訂密碼，當接收方收到影像後，必須輸入這組密碼才可以將嵌入其中的訊息取出，如圖 6-27 所示。

圖 6-27　選擇加密的演算法

步驟七：當所有欄位都確認完畢後，即可以點選 Hide data 按鈕來進行資料的嵌入，如圖 6-28 所示。

圖 6-28　點選 Hide Data 進行資料隱藏

按下 Hide data 後彈出 Success 的訊息，則表示已經將 "secrets.txt" 嵌入至 "airplane.png" 並產生偽裝影像 "Stego.png"，如圖 6-29 所示接著就可以將偽裝影像以及密碼傳送給接收方。

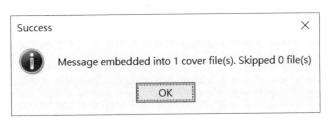

圖 6-29　嵌入成功訊息

■　嵌入前與嵌入後的影像比較

在圖 6-30 中，我們發現使用 OpenStego 嵌入前後的影像 "airplane.png" 與 "Stego.png" 略有不同，Stego.bmp 的影像發生一些失真，因此，影像看起來稍微較為亮白一些，但倘若接收方在沒有原圖可以進行比較的情況下，也不容易透過肉眼辨識偽裝影像中有嵌入額外的訊息。

 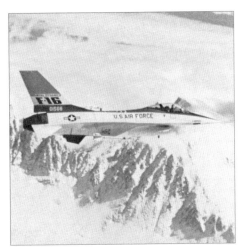

(a) 原始影像 "airplane.png"　　　　　(b) 偽裝影像 "airplane.png"

圖 6-30　結果比較

■ 取出的操作過程

步驟一：選取 Data hiding 功能下的 Extract data，右邊主要的欄位分別包含了需要取出訊息的偽裝影像，以及選擇取出的訊息檔案所需存放的路徑，如圖 6-31 所示。

圖 6-31　取出功能的操作介面

步驟二：點選 Input stego file 欄位的 "…" 來瀏覽嵌入訊息的偽裝影像，如圖 6-32 所示。

圖 6-32　點選瀏覽按鈕 "…"

選擇 "Stego.png"，並點選開啟，如圖 6-33 所示。

圖 6-33　選擇偽裝影像

步驟三：在 Output folder for message file 欄位選擇取出的訊息需要存放的檔案路徑，使用者可以任意指定輸出的路徑，如圖 6-34 所示。

圖 6-34　選擇訊息輸出路徑

選擇路徑並按下開啟（Open），如圖 6-35 所示。

圖 6-35　確認儲存路徑

步驟四：在密碼欄位中輸入嵌入影像時所設定的密碼，並點選 Extract data 的
按鈕，如圖 6-36 所示。

圖 6-36　輸入密碼並點選取出訊息（Extract data）

當彈出 Success 的訊息，則表示我們成功的將嵌入至載體影像的訊息檔案
"secrets.txt" 從中取出，如圖 6-37 所示。

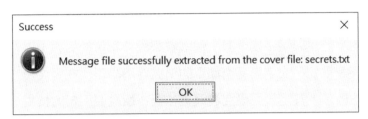

圖 6-37　取出的成功訊息

最後開啟 "secrets.txt" 來讀取傳送方想要傳遞的秘密訊息 "Information
Cryptology & Construction Lab"，如圖 6-38 所示。

圖 6-38　讀取秘密訊息

6.5 結語

　　二十一世紀的網際網路世界裡，網路已成為國家安全「無形的疆域」。這種無形的「資訊領域」安全對一個國家來說，和傳統的領土、領海和領空安全地位同等重要。文字與藝術簡單的偽裝應用給現代在偽裝與密碼的使用都有很大的啟示，其定義與研究發展更依此不斷發展出新的技術。本章從偽裝的定義介紹，之後導入影像處理應用之掩體與載體。最後再介紹對應的操作工具。近幾年來，開發工具技術陸續的被發展。雖然本章只有介紹幾種工具，亦僅冰山一角，因此，讀者如果對操作工具的發展有興趣，可以透過網路的搜尋，尋找更多的使用工具。

問題與討論

1. 說明何謂「觸媒置入」與「語言文字置入」。

2. 說明 Petitcolas 對資料嵌入的分類。

3. 說明一個好的資料隱藏技術必須符合那些需求。

4. 說明下列視覺圖案中所代表的意義。

```
   j&=      y+ y*        jυ+      yy-υ        υ &
wE!"      j17$T        7MPC     NU$E-       Ej&υ-
O*K^     yHH:Oυm+     UMMk      BMNTO: H1="7'
jO&OH:    "OH7"E~     UOH1      BB71`  jCf'U:
υM1H1     jB-j1      wHhHh*-∕$B)B-      BkJUk
^HI'OH  j'""^N1     "OHOK"  H$H"Da jP'N ^
"'`   OI      "        jυHT     T ~ '"" "
```

5. 列出 3 種掩護載體的操作工具，並試將機密訊息嵌入至載體中，並執行訊息取出操作。

MEMO

效能分析與評估工具

導讀 〉

多媒體影像在資料保護的議題上，無論是在網路與個人資料保護的環境下，必然有其存在的重要性。資料嵌入技術是影像處理中另一分支，且至今也發展多年了，然於資料置於影像後，是否影響品質的多寡，我們必須要瞭解最基本的評估準則、影像偵測與影像竄改方式。透過不同的評估準則來選擇最佳的嵌入技術。本章對於資料嵌入後的偵測做驗證及相關實驗，以提供讀者對於影像處理的偵測技術有更多的瞭解。

前言

影像安全（在本章的描述，我們將以資料嵌入技術稱之）的演算法眾多，各有不同的優點及缺點。為了檢驗各自的技術特性，有許多的影像偵測工具以及影像竄改方法被提出來作檢驗，以驗證資料嵌入技術演算法的優劣。本章以最基本的影像評估準則 –PSNR（Peak-Singal-to-Noise-Ratio）為始，講解各種不同的評估工具，並以實際的資料嵌入技術偵測演算法與竄改方法，來呈現良好的資料嵌入技術應具備那種特質。

7.1 偽裝的評估準則

在資料嵌入技術的研究中，利用在空間域、頻率域或壓縮域上不同的演算法將資料適當地嵌入到不同的位置或依據演算法對像素或係數做不同的修改及調整。然而，大部份的研究均宣稱自己的演算法具有最好的條件，但不論是何種的嵌入技術，共同的目標便是遵守基本的原則：不可察覺性（Imperceptibility）、高負載性（High Payload）等。一般而言，較客觀的標準主要在評估資料嵌入技術演算法嵌入後的結果圖，被破壞的程度是否在合理範圍，亦即能保有相當的不可察覺性。一般用來評估影像改變的差異大小評估標準可以分成二類，一類以像素修改的差異值做為評估因素，一類則以視覺上的品質差異做為評估因素，以 I 代表原始圖片的掩體（Host Image），I' 代表嵌入後的載體（Stego Image），而 $I(x, y)$ 代表一個像素。以下分別對這二類的評估標準做簡單說明：

一、以像素差異值做基準

1. 最大差異值方程式如下：

$$MD(Maximum\ \text{Difference}) = \max_{x,y} | I(x, y) - I'(x, y) | \qquad (1)$$

利用 MD 來描述嵌入前後二張圖片的像素值中，那一個像素值被修改的幅度最大。值愈高則表示演算法可能將資料集中嵌入在某些像素中，且修改幅度較高；若愈低則可能修改的像素較多，但修改幅度較低。

2. 標準平均絕對差異

$$NAD(\text{Normal Average Absolute Difference}) = \sum_{x,y} | I(x, y) - I'(x, y) | / \sum_{x,y} I(x, y) \qquad (2)$$

將嵌入資料前後的二張圖片其像素值絕對值差異總和後再除以原始圖片像素值總和。值愈高則可以代表二圖片相差甚多，值愈小則表示二圖片愈相似，若值為 0 時則二圖片完全相同。

3. 均方差，方程式如下：

$$MSE(Mean\ Square\ Error) = (\sum_{x,y}(I(x,y) - I'(x,y))^2)/WH \tag{3}$$

計算嵌入資料前後的二張圖片其像素值差異平方總和後再除以圖片大小，其中 W 和 H 分別代表圖片的寬度和高度。若值為 0 時亦能代表二圖片完全相同。亦可以解釋成平均每一個像素可能被修改的幅度大小，愈高則每個像素平均改變幅度大，愈低則幅度小。

4. 標準化均方差

$$NMSE(Normalized\ Mean\ Square\ Error) = (\sum_{x,y}(I(x,y) - I'(x,y))^2)/\sum_{x,y}I(x,y)^2 \tag{4}$$

計算嵌入資料前後的二張圖片像素值差異平方總和後再除以原始圖片的相素平方總和。與前述的評估公式 NAD 有類似的效果，可以代表二張圖片被修改像素值影像幅度的大小。

5. 訊號雜訊比

$$SNR(Signal\ to\ Noise\ Ratio) = \sum_{x,y}I^2(x,y)/\sum_{x,y}(I(x,y) - I'(x,y))^2 \tag{5}$$

用這個公式來計算正常訊號量對於雜訊量的比值，並以分貝（Decibel，簡稱 dB）為單位。

6. 影像逼真性，方程式如下：

$$IF(Image\ Fidelity) = 1 - \sum_{x,y}(I(x,y) - I'(x,y))^2/\sum_{x,y}I(x,y)^2 = 1 - NMSE \tag{6}$$

在公式 (6) 中，*IF* 內涵值愈高則嵌入資料前後的圖片相似性愈高，愈低則愈不相似。

7. 直方圖相似程度，其方程式如下：

$$HS = \sum_{i=0}^{255} |I_i - I'_i| \tag{7}$$

在公式 (7) 中，I_i 表示原始圖片中像素值為 i 的個數，I'_i 表示資料嵌入後圖片像素值為 i 的個數。*HS* 可以表示兩張圖片的直方圖分布之比較，*HS* 內涵值愈高則表示嵌入資料前後圖片直方圖分布的相似度愈低，內涵值愈低則表示嵌入資料前後的圖片直方圖分布的相似度愈高，若值為 0 時則表示二張圖片的直方圖分布完全相同。

二、以視覺品質差異做基準

以像素差異值做為評估基準的方式，存在的缺點是不能客觀地符合人眼視覺上的適應感受。因此，一種常常用來評估影像品質的方法，稱為峰值信號雜訊比 *PSNR*（Peak Signal to Noise Ratio），其計算方式如下：

$$\begin{aligned}
PSNR &= 10 \times \log_{10}(\max I(x,y) / MSE) \\
&= 10 \times \log_{10}(255^2 / MSE) \\
&= 20 \times \log_{10}(255 / \sqrt{MSE})
\end{aligned} \tag{8}$$

其中，$MSE = (\sum_{x,y}(I(x,y) - I'(x,y))^2)/WH$。

以每個像素 8 位元的灰階圖為例，則原本 *PSNR* 的 $\max I(x,y)$ 最大為 $2^8 - 1 = 255$，則應用在圖片上的 $PSNR = 10 \times \log_{10}(2552/MSE)$，與 *SNR* 一樣是以分貝為度量單位。若是 RGB 圖片，且每個顏色為 RGB 各 8 位元時，則 $\max I(x,y)$ 同為 255，而在 *MSE* 的計算上則須注意是 R、G、B 三者分別計算之後再平均。一般 *PSNR* 常被用來在影像壓縮前後的比較，而在資料嵌

入的研究上，亦常使用 $PSNR$ 來做為判斷技術上優劣。若處理後 $PSNR$ 值介於 30dB 或 35dB 以上，則可稱其演算法的處理對於圖片不會造成較嚴重的破壞。

範例 01

假設有六個原始像素值（5, 10, 10, 20, 30, 30）。若利用 2-bit LSB 位元取代法後，獲得資料嵌入後像素值（7, 8, 10, 23, 30, 28）。則 MSE 為：

$$MSE = \frac{(5-7)^2 + (10-8)^2 + (10-10)^2 + (20-23)^2 + (30-30)^2 + (30-28)^2}{6}$$

$$= \frac{4+4+0+9+0+4}{6} = \frac{21}{9} = 2.333 \text{，而}$$

$$PSNR = 10 \times \log_{10} \frac{255^2}{2.333} = 10 \times 4.44516 = 44.4516 \text{。}$$

此外，承上例，假設共有 12 位元的資料被嵌入至 6 個像素中，則像素的負載度則為 12/6 = 2 (Bit Per Pixel; bpp)，下一節將有更詳細的介紹。

一般而言，影像的呈現格式不僅只有彩色與灰階影，還有一種二元影像。而針對上述的衡量影像的工具較不適用於二元影像上。因此，另一種評估方式稱為相關性評估，是在二元影像上的嵌入與取出常被使用到，即黑白的嵌入與取出圖片的相似度評估，其公式如下說明：

1. 正規化相關係數（Normalized Correlation；NC），如下方程式表示

$$NC = \sum_{x,y} I(x,y) \times I'(x,y) / \sum_{x,y} I(x,y)^2 \tag{9}$$

在公式 (9) 之中，$I(x, y)$ 表示原始二元圖在 (i, j) 位置上的像素值，$I'(x,y)$ 表示萃取的二元圖在 (i, j) 位置上的像素值，計算結果用來表示黑白的嵌入與取出圖片的相似度。NC 值會介於 0 與 1 之間，當 NC 值接近 1 時，

表示兩張二元圖片的相似性極高；當 NC 值接近 0 時，表示兩張二元圖片的相似性極低。然而，在二元圖的比較上，NC 值的計算公式有其缺點，並無法完全反應嵌入圖與取出圖的相似度。以下用一張 3×3 黑白像素圖的三個範例，解釋這種判讀錯誤的現象：

範例 02

如圖 7-1 所示：藏入黑白圖 $I_1 = \begin{Bmatrix} 0 & 0 & 0 \\ 0 & 1 & 0 \\ 0 & 0 & 0 \end{Bmatrix}$，取出黑白圖 $I_1' = \begin{Bmatrix} 0 & 0 & 0 \\ 0 & 1 & 0 \\ 0 & 0 & 0 \end{Bmatrix}$

所有的像素值完全相同，故 $NC = \dfrac{(0 \times 0) \times 8 + (1 \times 1)}{(0 \times 0)^2 \times 8 + (1 \times 1)^2} = \dfrac{1}{1}$，經檢驗 NC 值為 1，所以二圖相符。

(a) 原始黑白圖 I (b) 嵌入後黑白圖 I'

圖 7-1 二圖相符，$NC = 1$

範例 03

如圖 7-2 所示：藏入黑白圖 $I_2 = \begin{Bmatrix} 0 & 0 & 0 \\ 0 & 1 & 0 \\ 0 & 0 & 0 \end{Bmatrix}$，取出黑白圖 $I_2' = \begin{Bmatrix} 0 & 0 & 1 \\ 0 & 1 & 0 \\ 0 & 0 & 0 \end{Bmatrix}$，

改變後的 I_2' 有一個像素被由白轉成黑（0 改變成 1），

此時 $NC = \dfrac{(0 \times 0) \times 7 + (0 \times 1) + (1 \times 1)}{(0 \times 0)^2 \times 8 + (1 \times 1)^2} = \dfrac{1}{1}$，經檢驗 NC 值仍為 1，判斷發生錯誤，利用 NC 值判斷會誤判二張圖係同一張圖。

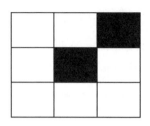

(a) 原始黑白圖 I　　　　(b) 嵌入後黑白圖 I'

圖 7-2　二圖不相符，但 $NC=1$

範例 04

如圖 7-3 所示：藏入黑白圖 $I_3 = \left\{\begin{matrix} 0 & 0 & 0 \\ 1 & 1 & 1 \\ 0 & 0 & 0 \end{matrix}\right\}$，取出黑白圖 $I'_3 = \left\{\begin{matrix} 0 & 0 & 1 \\ 1 & 1 & 1 \\ 0 & 0 & 1 \end{matrix}\right\}$，

改變後的 I'_3 有二個像素被由白轉成黑（0 改變成 1），

故 $NC = \dfrac{(0 \times 0) \times 4 + (0 \times 1) \times 2 + (1 \times 1) \times 3}{(0 \times 0)^2 \times 6 + (1 \times 1)^2 \times 3} = \dfrac{3}{3} = 1$　，經檢驗 NC 值仍為 1，

判斷發生錯誤，利用 NC 值判斷會誤判二張圖係同一張圖。

(a) 原始黑白圖 I　　　　(b) 嵌入後黑白圖 I'

圖 7-3　二圖不相符，但 $NC=1$

　　在上述的三個例子裡，只有在第一種情況時 NC 能做出與實際情形相符的判斷；而在第二、三的情況下，NC 做出的判斷與實際影像的情況並不符合，意即無法正確客觀的判斷出原圖受改變的情形。原因可以由 NC 的公式來看。

$$NC = \frac{I(1,1) \times I'(1,1) + I(1,2) \times I'(1,2) + ... + I(3,2) \times I'(3,2) + I(3,3) \times I'(3,3)}{I(1,1)^2 + I(1,2)^2 + ... + I(3,2)^2 + I(3,3)^2}$$

以原圖像素值平方和為分母的值並不會改變，故主要判斷圖形相似值是基於分子。而分子是由原圖與改變後的圖每一個相對映位置像素的乘積和所組成，因此，在分母不變的情況下，若圖形的像素被由 1 改變成 0 時，因其乘積會由 1 變成 0，故與分母相較之下，判定該像素已改變；而在圖形的像素被由 0 改變成 1 的情況下，因乘積仍然為 0，故與分母相較之下，無法判定其遭受竄改。

另外，*NC* 值的誤判的情形除了上述的三種情況以外，亦可能發生在如圖 7-4 的狀況，就是嵌入資料後，剛好與原始的二元圖呈現反相時，*NC* 值 0，但還是可以清楚地分辨出二元圖的內容。

(a) 原始二元圖

(b) 反相的二元圖

圖 7-4　圖形中的內容可清楚辨別，但 *NC*=0

2.　正規化絕對值差（Normalized Absolutes Error；*NAE*），如下方程式表示

$$NAE = \sum_{x,y} |I(x,y) - I'(x,y)| / \sum_{x,y} I(x,y)^2 \tag{10}$$

3.　相關品質係數（Correlation Quality；*CQ*），如下方程式表示

$$CQ = \sum_{x,y} I(x,y) \times I'(x,y) / \sum_{x,y} I(x,y) \tag{11}$$

4. 竄改評估函數（Tamper Assessment Function；*TAF*），如下方程式表示

$$TAF(I, I') = \frac{1}{N_w} \sum_{i=1}^{Nw} I_i \oplus I_i'$$ (12)

在公式 (12) 中，*I* 代表原本的黑白圖（二元圖）、*I′* 代表嵌入後之黑白圖、N_w 代表總共比較 *I* 與 *I′* 的次數。*TAF* 值越大，代表嵌入後之黑白圖與原本的黑白圖差別越多，同時也代表著影像位元修改的比例越高。反之，*TAF* 若越接近 0，則其品質越好，與原本的黑白圖差別也越低，當等於 0 的時候，*I* 與 *I′* 便是完全相同的。再考慮圖 7-1 至圖 7-3，則 *TAF* 的計算如下：

$$TAF(I_1, I'_1) = \frac{1}{9}(0 \oplus 0 + 0 \oplus 0 + 0 \oplus 0 + 0 \oplus 0 + 1 \oplus 1 + 0 \oplus 0 + 0 \oplus 0 + 0 \oplus 0 + 0 \oplus 0) = 0$$

$$TAF(I_2, I'_2) = \frac{1}{9}(0 \oplus 0 + 0 \oplus 0 + 0 \oplus 1 + 0 \oplus 0 + 1 \oplus 1 + 0 \oplus 0 + 0 \oplus 0 + 0 \oplus 0 + 0 \oplus 0) = \frac{1}{9}$$

$$TAF(I_3, I'_3) = \frac{1}{9}(0 \oplus 0 + 0 \oplus 0 + 0 \oplus 1 + 1 \oplus 1 + 1 \oplus 1 + 1 \oplus 1 + 0 \oplus 0 + 0 \oplus 0 + 0 \oplus 1) = \frac{2}{9}$$

在第一種情況中，*TAF* 量測值顯示 *I′* 並未受到篡改；而在第二、三情況中，*TAF* 量測值則分別顯示 *I′* 有一個及二個像素受到竄改，與實際情況符合。由於 *TAF* 對於原始圖形的像素與改變後圖形的像素值做互斥（Exclusive-or）運算，故只要在二個比較的像素發生相異情況時，不論是由 0 變成 1 或由 1 變成 0，皆會增加 *TAF* 值，因而顯示出其圖形受到竄改，由此也解決了 *NC* 測度的判讀錯誤問題。

三、以負載資料量做基準

除了利用影像品質來評估資料嵌入技術的好壞之外，另一個衡量標準 – 資料負載度 – 也是另一種衡量指標。資料負載度為在一張固定大小的原始圖片中，可以承受多少資料被嵌入至圖片中。一般而言，資料被嵌入至圖片一

定會變動原始圖片的像素值，當嵌入大量的資料時，原始圖片的像素值一定會遭受大量的更動，導致嵌入後圖片的品質非常差，因此，在追尋高負載資料量時，也須遵守不可察覺的特性，其評估方式如下說明：

1. 負載量（**Embedding Capacity**；EC），如下方程式表示

$$EC = \text{Number of Embedding bits} \tag{13}$$

計算一張原始圖片總共可以負載多少位元（Bit）量。

2. 像素負載度（**Bit Per Pixel**；bpp），如下方程式表示

$$bpp = EC \,/\, (W \times H) \tag{14}$$

計算一張圖片中每一個像素值可以承載多少位元。其中 W 和 H 代表圖片的寬與高。bpp 內涵值愈大，則表示像素負載度愈高，bpp 內涵值愈小，則表示像素負載度愈低。

3. 位元壓縮度（BR；**Bit Ratio**），如下方程式表示

$$BR = (\text{Number of output codestream}) \,/\, (W \times H) \tag{15}$$

其中 W 和 H 代表圖片的寬與高。

此一方程式，只限用於壓縮域之評估準則，BR 內涵值愈小，則表示壓縮度愈好，BR 內涵值等於 1，則表示壓縮度為 0。一般而言，假設一張影像大小為 512×512，並且影像切割為 4×4 大小的區塊，利用 256 個編碼字（Codeword）進行傳統向量量化編碼，256 個編碼字只須用 8 位元表示即可。所以，每一個區塊的壓縮度為 $0.5(=8/16)$，即代表一個區塊內的 16 個像素值，可用 8 個位元表示。

7.2 偵測分析工具

　　網際網路的普及化，人人皆可經由網路交換與傳遞數位資料。而嵌入技術的原則是指在網路交換與傳遞數位資料不被其他人所察覺。不可察覺（Imperceptibility）不僅要避免被人類的視覺感官所察覺，而且也要避免被其他的分析方法或工具所發現。以下我們將介紹目前坊間所使用的偵測分析工具，說明如下：

7.2.1　卡方偵測工具（Chi-square Attack）

　　卡方偵測工具是 Westfeld 與 Pfitzmann 於 2000 年所提出的統計分析工具，此工具能偵測圖片是否利用隨機 LSB 進行資料嵌入技術，且卡方分析法是建立在「數位影像中 LSB 嵌入法的位元取代是完全隨機（Randomize），亦即 LSB 與其它位元平面不存在任何相關性」的前提假設之下。

　　所謂「數位影像中 LSB 嵌入法的位元取代方式是完全隨機」其意指：當使用 LSB 嵌入資料後，每一個用 LSB 技術所取代後的位元是一堆雜亂無章的 0 與 1，且所產生的 0 與 1 的機率是相等的。換句話說，假設在整張圖片中的嵌入資料中出現 0 與 1 的個數是相當接近的，表示該張圖片可能利用 LSB 技術嵌入資料。一般而言，一張自然的圖片，是不會出現 0 與 1 的個數相當接近的現象。因此，只要在偵測圖片時，先產生一個 0 與 1 的個數是相當接近的二元串流，再進行統計與分析偵測圖片的 0 與 1 的個數，就可以判斷偵測圖形是否存在資料的可能性。以下我們利用例子的方式介紹卡方偵測工具。

範例 **05**

假設若以基本的 BMP 影像圖片為例說明卡方分析如下。首先紀錄影像圖片中所有像素值出現的次數,並將統計數據分組。每組的配對由兩個連續像素值組成,例如:像素值 0 與 1 一組,像素值 2 與 3 一組,…及像素值254 與 255 一組,紀錄各像素值在影像圖片的所有像素值分佈的累積個數。另外再計算每組像素值累積個數的平均值,判斷上述的統計資料關係是否屬於卡方的機率分佈。若所嵌入資料 0 或 1 位元具隨機性(Randomized),則LSB 出現 0 或 1 的期望值將會相等。事實上,卡方偵測法可針對 LSB 嵌入之資料做分析,其主要原因是利用 LSB 在嵌入後會產生的配對組(POV; Pairs of Value)會有顯著的統計變化性。

為了方便說明,我們以 16 色階的影像圖為例,一個像素由 4 個位元組成,所能表示的像素值分佈為 0-15,且共可分成 8 組像素值配對組,如表7-1 所示。

表 7-1　16 色階的影像圖的 8 組配對組(POV)的集合

第一組	0 0 0 0	第五組	1 0 0 0
(0,1)	0 0 0 1	(8,9)	1 0 0 1
第二組	0 0 1 0	第六組	1 0 1 0
(2,3)	0 0 1 1	(10,11)	1 0 1 1
第三組	0 1 0 0	第七組	1 1 0 0
(4,5)	0 1 0 1	(12,13)	1 1 0 1
第四組	0 1 1 0	第八組	**1 1 1 0**
(6,7)	0 1 1 1	(14,15)	1 1 1 1

範例 **06**

考慮一張 16 色階影像，以及一張嵌入資料之後（利用 S-Tools 做 LSB 的資料嵌入）的 16 色階影像圖，結果如圖 7-5 所示。

16 色灰階影像圖	嵌入資料	載體影像圖
	ICCL 成立於民國 87 年 12 月，其位於中央警察大學資訊大樓二樓，研究主題為網路安全與資料建構上之應用，使其網際網路更加安全並增快各項應用軟體的搜尋速度。	

圖 7-5　色階影像的資料嵌入比較

16 色階影像圖在藏入資料之前後，統計像素值配對，結果如圖 7-6 與圖 7-7 所示。

圖 7-6　原始 16 色階灰階影像像素分布圖

圖 7-7　嵌入後之 16 色階灰階影像像素分布圖

　　比較圖 7-6 與圖 7-7 兩者之間的差異，我們可以發現圖 7-6 中像素值配對累積的像素個數彼此相異，並且沒有任何關聯性。但圖 7-7 表像素配對內兩像素值所累積個數都相當接近。我們擷取圖 7-6 與圖 7-7 之中的第一組配對，比較之下可以清楚的看出同一組像素值配對在資料隱藏前後的明顯差異，如圖 7-8 所示。

嵌入前像素值配對長條圖	像素值	累積數量
	0000	76
	0001	1011

(a) 嵌入資料前

嵌入後像素值配對長條圖	像素值	累積數量
	0000	547
	0001	540

(b) 嵌入資料後

圖 7-8　第一組像素值配對比較圖

　　因此，只要分析出有兩像素值（或 POV）所累積個數都相當接近這樣的特性，我們可以判斷圖 7-7 所分析的影像圖極有可能內含資料，進而達到阻止秘密通訊的目的。

7.2.2　RS 偵測工具（RS-diagram Attack）

　　RS-diagram 分析工具是由 Fridrich 等人於 2001 年所提出的統計分析工具。RS-diagram 分析法主要概念為利用「在空間域的自然圖片中，相鄰近的像素其差異值都很小且具有特定的統計規律性」，所以利用影像的像素值執行鑑別函數（Discrimination Function; DF）來獲得像素的平滑性（Smoothness），其中鑑別函數的公式為 $f(x_1,x_2,x_3,...x_n) = \sum_{i=1}^{n-1}|x_{i-1} - x_i|$，$x_i$ 為影像的像素值；接著，再利用反轉函數（Flipping Function）F 與反轉遮罩（Flipping Mask）M 來模擬增加雜訊，最後再運用鑑別函數 DF（Discrimination Function）來計算反轉函數 F 與反轉遮罩 M 的結果，用統計分析的方法來判斷圖片是否有存在資料的可能性。其中反轉函數 F 的一系列定義為：

(i)　正向反轉函數 F_1：$0 \leftrightarrow 1, 2 \leftrightarrow 3, 4 \leftrightarrow 5, \cdots, 252 \leftrightarrow 253, 254 \leftrightarrow 255$。

(ii)　反向反轉函數 F_{-1}：$-1 \leftrightarrow 0, 1 \leftrightarrow 2, 3 \leftrightarrow 4, \cdots, 253 \leftrightarrow 254, 255 \leftrightarrow 256$。

(iii)　不變反轉函數 F_0：$F(x)=x$。

　　一般而言，反轉遮罩（Flipping Mask）可分為 M = [0 1 1 0] 和 -M = [0 -1 -1 0] 二種。以下，我們將介紹如何將一個群組的像素值利用反轉遮罩來反轉像素。假設有一個群組為 $G(x_1, x_2, x_3, x_4)$，且反轉遮罩 (Flipping Mask) M = [0 1 1 0]，則反轉後的群組像素表示為 G_M $(F_0(x_1), F_1(x_2), F_1(x_3), F_0(x_4))$。相同的道理，若反轉遮罩 $-M = [0-1-1\ 0]$，則反轉後的群組像素表示為 G_{-M} $(F_0(x_1), F_{-1}(x_2), F_{-1}(x_3), F_0(x_4))$。

範例 07

　　若有四個像素值為一個群組，G (x_1, x_2, x_3, x_4) = (155, 152, 156, 156)，首先，利用鑑別函數 DF 來計算 G，則 DF(g) = 7 ($=|152-155|+|156-152|+|156-156|$)。接著，用反轉遮罩（Flipping Mask）M 來反轉像素，則反轉後的群組像素值為 G_M ($F_0(x_1), F_1(x_2), F_1(x_3), F_0(x_4)$) = (155, 153, 157, 156)；相同的道理，若以反轉遮罩 $-M$ 來反轉像素，則反轉後的群組像素值為 $G-_M(F_0(x_1), F-_1(x_2), F-_1(x_3), F_0(x_4))$ = (155, 151, 155, 156)。

　　接著，再用鑑別函數 DF 的數值與反轉函數 F 的數值來判斷這四個像素值群組屬於何種類別。以上例而言，我們知道鑑別函數 DF(g) = 7; 且經由反轉遮罩計算後之群組 G_M ($F_0(x_1), F_1(x_2), F_1(x_3), F_0(x_4)$) = (155, 153, 157, 156) 的結果為 DF(G_M) = 7($=|153-155|+|157-153|+|156-157||$)；與而經由反轉遮罩計算後之群組 $G-_M(F_0(x_1), F-_1(x_2), F-_1(x_3), F_0(x_4))$ = (155, 151, 155, 156) 的結果為 DF($G-_M$) = 9 ($=|151-155|+|155-151|+|156-155|$)。最後，再將上述計算後的數值，DF(g) = 7、DF(G_M) = 7、DF($G-_M$) = 9，利用下列的條件來判斷群組屬於何種類別。

(iv) 正常群組 R（Regular）：$G \in R \Leftrightarrow DF(F(G_M))$ or $DF(F(G-_M)) > DF(G)$

(v) 單一群組 S（Singular）：$G \in S \Leftrightarrow DF(F(G_M))$ or $DF(F(G-_M)) < DF(G)$

(vi) 無用群組 U（Unusable）：$G \in U \Leftrightarrow DF(F(G_M))$ or $DF(F(G-_M)) = DF(G)$

　　依據計算反轉後鑑別函數的數值，利用條件 (iv)–(vi) 來判斷反轉後的群組是屬於那一種類別。從上述的計算數值可知道 DF(G_M) = DF(g)，因此，G_M 是屬於無用類別（因為符合條件 (vi)）。又 DF($G-_M$) > DF(g)，因此，$G-_M$ 是屬於正常類別（因為符合條件 (iv)），則可用 $R-_M$ 表示之。

RS-diagram 檢測方法就是將一張受檢測的圖形，先劃分為 n 個群組，通常每個群組由 4 個像素值所組成。接著，將每一個群組透過反轉遮罩與鑑別函數的計算後，判斷此反轉後的群組（G_M 與 G_{-M}）是屬於正常、單一或無用群組，其做法如上述例子所示。最後，再將所有群組中的 R_M 與 R_{-M} 以及 S_M 與 S_{-M} 進行統計機率與期望值分析，且分析後須滿足期望值 $R_M \cong R_{-M}$ 與 $S_M \cong S_{-M}$ 且 $R_M + S_M \leq 1$ 與 $R_{-M} + S_{-M} \leq 1$ 的特性。

在 RS-diagram 檢測方法中，一般未經過處理的自然圖片中，依照統計分析的結果顯示，其 R_M 與 R_M 的期望值應該要近似相等；相同的道理，S_M 與 S_M 的期望值應該要近似相等，即 $R_M \cong R_{-M}$ 與 $S_M \cong S_{-M}$。如果在被檢測的圖片中，有被加入隨機的雜訊時，則會違反統計分析的原則，亦會造成 R_M 與 R_M 以及 S_M 與 S_M 期望值的差異會變大，因此，RS-diagram 就是利用此一原則來偵測自然圖片是否存在 LSB 的偽裝技術。從圖 7-9 中，可以驗證 RS-diagram 偵測工具有符合其基本的統計假設原理。

(a) 沒有嵌入資料

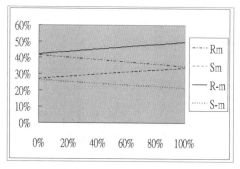

(b) 用 LSB 方法嵌入資料

圖 7-9　RS-diagram 偵測的結果

＊註：圖 7-9 中的 x 軸代表每單一類別與正常類別所累積加總的百分比；y 軸代表單一類別與正常類別所出現的機率。

7.2.3 視覺化偵測工具（**Visual Attack**）

前二種利用統計分析的原理做為檢測工具的準則，在此小節，我們將介紹一種很簡單檢測工具 – 視覺偵測方法，此一方法是用人類的感官系統來辨別圖片中是否存在有隨機的資料。一般而言，在一張灰階色彩的自然圖片中，如果對每一個像素取出最重要的位元（MSB），即像素組成的最左邊位元，並將每個重要位元再組成一張二元圖片，此時，圖片中的可以明顯的看出整張圖片的輪廓，如圖 7-10 圖中 Bit-8 所示；相對的，如果對每一個像素取出最不重要的位元（LSB），並將每個不重要位元再組成一張二元圖片，此時，圖片呈現出一張雜亂無章的影像，如圖 7-10 中 Bit-1 所示。

一般而言，如果採用隨機取代法將資料嵌入至圖片中，應該會導致取代後的位元呈現雜亂無章的效果。但有趣的是，只要採用隨機取代法將資料嵌入至圖片中後，取出每一個像素取出最不重要的位元（LSB）並組成一張二元圖片的結果，其結果還是會殘留一些紋路，如圖 7-11 所示。從其結果還是會殘留紋路中，可以確定這個受檢測的圖片中內含資料。

圖 7-10　原圖的八張 Bit-plane

圖 7-11 視覺檢測的結果

7.3 影像竄改技術

　　影像安全裡的竄改偵測工具與檢測工具二者的目的並不相同。檢測工具的目的是檢測圖片是否有資料蘊藏玄機。而竄改偵測工具的目的為檢測圖片是否有被動過手腳。當圖片有被動過手腳，則竄改偵測工具是否可以找出被動手腳的地方，又目前有許多技術已被發展出來做為偵測竄改工具，譬如：Wang 和 Chen 在 2007 年發展了一種結合影像認證（此一部份是用來偵測影像是否被竄改過）與影像還回（此一部份是移除被竄改過的影像）之技術。此一技術首先將影像切割為多數區塊，利用區塊映射（Block Mapping）技術來達成影像還回，以及運用每個區塊的局部特徵與全部特徵之對比作為影像認證資料。當影像受到竄改時，利用萃取影像認證資料及搭配投票表決機制（Voting）的結果，就可找出影像被竄改的區域。現今圖片竄改的類型層出不窮，以下我們將介紹目前被用於圖片竄改的方式：

- 影像合成（**Composite**）：從字面上的意義，就可以知道影像合成技術是將二張或二張以上不同的照片結合／疊合成一張圖片。通常影像合成技術會選一張圖片當作背景使用，而其他張圖片則被用來與背景合成。

- 貼上（**Copy**）：在同一張圖片中，針對某部份進行修改、變造與掩蓋原圖片的內容，如圖 7-12、圖 7-13、圖 7-14 所示。

- 剪裁（**Cropping**）：指直接將圖片中的某個部份直接刪除，此一方法與「貼上」之不同處為圖片被刪除後，其圖片的內容會變小，如圖 7-15 所示。

- 影像處理（**Image Processing**）：針對圖片的內容利用一般影像處理工具對內容進行調整，一般影像處理工具泛指雜訊、模糊、銳化、放大、縮小…等，如圖 7-16 所示。

(a) 原始圖片　　　　　　　　　　　(b) 竄改後圖片

圖 7-12　遭受竄改的 Lena 圖片

(a) 原始圖片　　　　　　　　　　　(b) 竄改後圖片

圖 7-13　遭受竄改的水果圖片

(a) 原始圖片　　　　　　　　　　　(b) 竄改後圖片

　　圖 7-14　遭受竄改的禮物圖片

(a) 原始圖片　　　　　　　　　　　　(b) 竄改後圖片

圖 7-15　遭受竄改的沙灘圖片

(a) 原始圖片　　　　　　　　　　　　(b) 用高斯雜訊竄改的圖片

圖 7-16　遭受雜訊竄改的圖片

7.4 結語

　　藉由本章介紹了影像安全裡的評估標準，讀者對於基本的影像評估的準則應有基本的認識。另外要能熟悉目前檢驗資料嵌入的優劣，主要是透過檢測工具。如果無法被目前的檢測工具所偵測到，並不代表圖片中一定不含嵌入資料。最後，我們介紹了坊間常用的影像竄改技術與影像偵測工具。從被竄改的圖片中，找出那些地方被動了手腳。又影像偵測工具會隨著不同的影像竄改技術而有所不同，除本章所提的相關工具 / 技術外，我們亦可以思考還有那些影像偵測工具能確確實實的找出被動過手腳的影像。

問題與討論

1. 一般使用 PSNR 來評估影像所受到的攻擊時，可以接受的 PSNR 值為多少。

2. 說明有那些常用的圖片偵測工具。

3. 說明何謂 TAF（Tamper Assessment Function）函數，與 NC 有何相異處。

4. 說明有那些常用的圖片竄改方式。

5. 除了參考書所列影像評估工具外，試說明是否還有其他影像評估工具。

MEMO

CHAPTER

08

多媒體生活與應用

網際網路與社群網路的快速發展，讓越來越多的使用者將文字、圖片、影片等數位資訊上傳至社群網路平台供大眾閱覽，而這些放置於社群網路平台上的數位資訊通常可以相互轉載，尤其是有趣的影像，更是受到網友的轉載青睞，讓影像可以快速且大量的轉載及傳遞。也因此，數位版權問題的議題，就更被重視。在數位影像上傳至社群網路平台或其他網路空間前，使用者通常會針對這些數位照片添加數位浮水印，讓圖片不被盜用或所有權遭侵犯，確保自身著作權及智慧財產權益。在本章中，介紹數位浮水印的基本知識，透過一些浮水印技術來介紹不同種類的浮水印特性，以及導入一些淺顯易懂的概念能夠讓讀者能夠了解利用浮水印技術保護智慧財產權，最後，我們選擇幾款浮水印工具軟體進行介紹，以供讀者對於如何製作浮水印有更進一步的瞭解與認識。

前言

　　數位浮水印技術亦是資料嵌入技術之一種，其相似之處在於這兩種技術都是把重要的資料（包含機密訊息或者可辨視之特殊符號，諸如：商標或序號）嵌入至觸媒，如：影像（Image）、視訊（Video）、或聲音（Audio）等。資料嵌入的目的除了保護重要資訊具有不被偵測的特性之外，內容保護（Content Protection）、版權管理（Copyright Management）、內容認證（Content Authentication）與竄改偵測（Tamper Detection），亦是資料嵌入的延伸性目的。又數位影像處理的應用日趨廣泛，除了透過各種軟體工具將

原始數位影像處理得更加美觀、更加符合使用者需求之外；數位影像處理技術也常用於保護數位影像之著作權及智慧財產權。尤其社群網路平台的活絡運用，加速數位影像的散佈速度，卻也使得有心人士得以隨意盜取其他人所擁有的數位影像檔案，如果不好好的利用數位影像處理軟體或工具來處理原始的數位影像，將無法遏止有心人士任意盜用他人數位影像之情形。然而，應如何證明數位影像的所有權及著作權，讓創作者的權益不受侵害，便是今日不可忽視的重要課題。倘若我們能夠事先做好簡單且實用保護措施，就能嚇阻有心人士的非法使用。本章將以數位浮水印技術為出發點，介紹影像處理應用之數位浮水印的基本知識與浮水印的特性。並透過導入浮水印操作工具讓讀者能夠了解利用浮水印技術保護智慧財產權。

8.1 浮水印技術應用

　　「浮水印」相信讀者都不陌生，在現實的生活中，最貼近人們的例子就是我們每天日常生活中經由買賣交易所接觸到的鈔券。近年來偽鈔或仿冒品的氾濫已經嚴重的影響我們的生活，根據過去執法單位破獲的偽鈔集團案件發現，不法份子製作偽鈔，仍以新版的千元鈔券為大宗，且印刷、紙張等與新鈔也有很大的差別。若要用肉眼來輕易辨識出真偽，最主要的辨識方法就是利用鈔券的「浮水印」來辨識偽鈔的真假，我們只要拿起一張鈔票對著燈光，就可以從鈔票的空白處發現，百元的浮水印是「梅花」、五百元的浮水印是「竹子」、千元的浮水印是「菊花」，如圖 8-1 所示，這是辨識真偽鈔最簡便的方法。由於鈔票上的浮水印一般人難以去仿製且無法以肉眼直接看的見，必須透過光線才能顯現出來，所以無法使用一般影印技術的方式來產生，因此可以做為最佳的防偽保護功能設計之一。

千元浮水印是「菊花」

五百元浮水印是「竹子」

百元浮水印是「梅花」

圖 8-1　鈔券上的浮水印

　　數位浮水印概念的使用，不僅應用在鈔券上也可應用在數位的資訊產物（包括數位影像、視訊、或是其他多媒體產物）中。目前的浮水印技術大都應用在數位影像與視訊方面，而這些應用最主要都是在探討兩部分，第一部分是是否可以承受各式各樣的訊號處理或攻擊以及第二部分是數位浮水印的

可視性（Visibility）與不可視性（Invisibility）。以下透過這兩種分類方式
（強韌性、人類視覺系統），來區分出數位浮水印的目的與特色。

一、強韌性

依照強韌性來對數位浮水印技術可以再分成兩種類別，分別是強韌型
（Robust）浮水印技術與易碎型（Fragile）浮水印技術。以下將介紹這兩種
的浮水印類型與其應用上的時機。

1. 強韌型浮水印

在強韌型浮水印機制裡，浮水印可以當作是一種簽章型浮水印。在這種
簽章型浮水印機制中，要求在保護數位媒體經過攻擊後，在萃取浮水印
後仍需具有相當的識別程度，可以強調識別版權的存在，以藉此證明數
位媒體的擁有者。就數位影像來說，主要分成空間域與頻率域，在空間
域中，只要進行平面位元分析後就可以分析出疑似具有浮水印的影像，
使得具有嵌入浮水印的影像容易遭受到有心人士的破壞。因此，強韌型
浮水印技術主要著重發展在頻率域上。頻率域上的技術須透過函數進行
轉 換， 如 DCT（Discrete Cosine Transform）、DWT（Discrete Wavelet
Transform）等，所以可以降低數位浮水印直接遭受破壞攻擊。強韌型浮
水印技術通通會應用在頻率域上，且在嵌入浮水印的過程中利用一把金
鑰或者虛擬亂數產生器（Pseudo-Random Number Generator, PRNG）或
TAF（Toral Automorphism Function）將浮水印進行打散，讓浮水印可以
分散性的藏入到影像中。假設以 H 為保護圖、H' 為圖形的頻率係數值、
H_w 為嵌入後完成圖、W 為浮水印、W' 為打散後的浮水印，一般的演算
法嵌入概念流程如圖 8-2 所示。除了利用金鑰及虛擬亂數產生器等打散
浮水印的嵌入分佈，另外也可藉由對頻率域轉換係數的調整來達到嵌入
浮水印的方法亦可有效提高浮水印資訊在遭受攻擊時的強韌性。

圖 8-2 強韌性演算法嵌入概念流程

2. 易碎型浮水印

相較於強韌型浮水印的需求，易碎型浮水印強調保護數位媒體的完整性。一般而言，對於易碎型浮水印技術的需求有下列幾項：

(1) 竄改偵測：竄改偵測能有效偵測數位媒體內容是否遭受一些攻擊與竄改，是否為一個不可信任的數位媒體。當影像被攻擊與竄改（如切割、放大或縮小、加入雜訊、旋轉）等運算過程時，嵌入的浮水印則無法被取出。當嵌入的浮水印無法正確取出時，則此影像一定被遭受攻擊與竄改處理。

(a) 原圖

(b) 切割

(c) 加入雜訊　　　　　　　　　　　　　(d) 旋轉

(e) 插入花朵

圖 8-3　各種浮水印的攻擊與竄改方式

(2) 竄改位置定位（Tamper Localizing）：除能有效偵測數位媒體是否正常無損外，更能精確定位破壞的位置。浮水印技術須將可以有效地將被攻擊與竄改的位置呈現出來，讓版權所有人可以清楚了解被攻擊與竄改的狀況。

二、浮水印的可視度

數位浮水印技術主要應用在智慧財產權的保護，它是經由一些處理的程序，將一些欲保護的資訊加入至不同型式的媒體上。在媒體上所呈現浮水印的結果，可依照人類的視覺感官分為可視型與不可視型。

1. 可視型浮水印

早期的浮水印技術主要以可視型浮水印技術為發展的主軸，其目的在於版權的宣告，讓欲保護之資訊加入至數位媒體上，其結果可讓人類視覺所察覺與辨識。常見的應用為在文件資料上加上公司的商標，如圖 8-4 所示，即是宣示版權或是辨別文件的內容，其中圖 8-4(a) 表示一張原始圖型，圖 8-4(b) 表示宣示版權的浮水印，圖 8-4(c) 表示一張已經嵌入浮水印的圖型，則我們經由一種演算法，將圖 8-4(b) 嵌入到圖 8-4(a) 中得到一張具有宣示版權的圖型圖 8-4(c)。反之，我們也由圖 8-4(c) 經由相同的演算法反向可以將浮水印從圖 8-(c) 移除，還原得到一張原始圖型圖 8-4(a) 和藏入的浮水印 (b)。

ICCL

| (a) 原圖 | (b) 浮水印 | (c) 可視浮水印 |

圖 8-4　可視型浮水印

2. 不可視型浮水印

不可視型浮水印技術則是將浮水印之資訊藏匿在媒體中，無法透過人眼的感官所察覺或直接觀看出有其資訊的存在。若欲知是否有浮水印之存在或

是當遇到版權宣稱之情事時，則須經由特定的演算法或萃取技術，才能完整的從媒體中取出被隱藏的浮水印資訊，如圖 8-5 所示，其中圖 8-5(a) 表示一張原始圖型，圖 8-5(b) 表示宣示版權的浮水印，圖 8-5(c) 表示一張已經嵌入浮水印的圖型，則我們經由一種演算法，將圖 8-5(b) 嵌入到圖 8-5(a) 就會得到一張具有看不見版權宣示的圖型圖 8-5(c)。反之，我們也由圖 8-5(c) 經由相同的演算法反向將浮水印取出得到一張原始圖型圖 8-5(a) 與完整的浮水印圖 8-5(b)。

ICCL

(a) 原圖　　　　　　　　(b) 浮水印　　　　　　　(c) 不可視浮水印

圖 8-5　不可視型浮水印

8.2　浮水印特性

　　一般而言，當發生版權爭議時，透過浮水印技術，將嵌入在數位多媒體中的認證資訊取出，作為合法的持有人或使用者的合法性之版權認證的依據，藉以保護原創作者的智慧財產權。既然浮水印技術為了達到版權宣告的目的，一定要能抵抗非法使用者的破壞行為，但是也需要具備／符合技術上的基本條件，其條件如下所示：

(1) 不易察覺性（Invisible）：由於人類的視覺系統，對於整張圖中的些微差異並不敏感。因此，便可以將所要加入的資訊藏匿至這些人眼不敏感的區域，由於在加入浮水印之後並不影響到原來的影像或媒體，可以降低有心人士發現進而竄改的機率。

(2) 強韌性（Robustness）：當浮水印被遭受到攻擊破壞時，根據浮水印技術的強韌度給予適當的保障，若浮水印技術屬於強韌型，已嵌入浮水印的影像被攻擊竄改時，版權所有人還是可以輕易的將浮水印取出，雖然浮水印有些微的失真或雜點，但仍不影響其辨識度。相對的，如果浮水印技術屬於易碎型，一旦已嵌入浮水印的影像被攻擊竄改時，其浮水印則無法被取出，反而會取出雜亂無章的浮水印。但易碎型浮水印技術基本上可實現被遭受竄改或破壞處理的偵測能力。

(3) 安全性（Security）：浮水印的安全性的考量，一般都是著重在原圖的特定區域。事實上是經由某些選取的特定區域來嵌入浮水印。在這樣的方法下，攻擊者預測出浮水印所嵌入的區域的可能性必須要很低，或者攻擊者是不能去任意的修改或移除浮水印的訊息。一般來說，一個成功的數位浮水印系統必須避免被非法使用者破解的機率，只有擁有者才可將此浮水印偵測與抽取出來。另外，浮水印也可透過編碼加密的方式，利用私密金鑰（private key）與公開金鑰（public key）的執行原理，將資料嵌入影像或多媒體中，增加其安全性。

(4) 明確性（Definiteness）：浮水印的技術主要目的是針對影像圖型之所有權的鑑別、為擁有者的權益提供保障。浮水印的內容必須是眾所皆知、具有特定目的與可識別之標誌，且當從被保護的多媒體中取出的數位浮水印重建後浮水印必須清晰可辨，將來若發生版權糾紛，可藉由提取所置入的資料來確認真正的擁有者，以做為證明使用。

(5) 忘卻性（Oblivious）：針對已含有浮水印保護的媒體做萃取浮水印的程
序時，需要參考到原始的媒體協助時，才能順利的萃取出浮水印，這樣
的方法我們就稱作非忘卻性（Non-Oblivious）。反之，所謂的忘卻性就
是將要保護的媒體加入數位浮水印後之影像，在不破壞影像品質也不需
要參考到原始浮水印的協助下取出浮水印，且恢復成原始媒體。若以非
正常取出程序如預測或統計分析等方式將浮水印取出或去除浮水印，整
張影像也已破壞殆盡，無利用價值。能具備此一特性，才可以有效的保
護原創作影像不被盜用。

8.3 浮水印技術

在前段的介紹中，讀者已充分的瞭解浮水印的使用時機與其特性。但對
於數位浮水印技術的方法尚未熟稔。本節中，將逐一探討現有的浮水印技
術，我們將先介紹「易碎型浮水印」技術，當確保載體遭受攻擊、竄改或受
雜訊干擾後，能夠感測到影像遭受到攻擊、竄改或干擾的位置。然後接著介
紹「強韌型浮水印」被攻擊或竄改或受雜訊干擾後，仍然能夠經由載體所提
取的浮水印來證明其所有權，以達到保護著作權的功能。

一、易碎型浮水印技術

所謂易碎型數位浮水印技術（Fragile Digital Watermarking Technique）
就是利用藏入浮水印的易碎（Fragileness）特性，達成完整性認證。其中
「易碎特性」就是當嵌入浮水印之載體遭受到某些攻擊（竄改或受雜訊干擾
等）後，能夠從受攻擊的載體中，偵測到影像遭受到攻擊、竄改或干擾。

我們將使用一個淺顯易懂的例子來介紹易碎型之浮水印技術。

範例 01

　　在 1995 年 Walton 提出了利用總和檢查方法（Checksum），發展一種浮水印認證技術。以灰階數位影像來說，這個技術，是以影像中每一個像素為處理基礎，先從影像中取出每一個像素，再從每一個像素中取出最重要位元（Most Significant Bit），利用取出的重要位元與總和檢查方法（Checksum）建構出一個二元陣列，而此陣列內的內容當作是影像的驗證資訊。

　　接下來，則利用隨機亂數產生器產生數條路徑序列，如圖 8-6 中所示。假設圖 8-6 中有兩條選定路徑，路徑上的每一個點均可用來嵌入認證訊息。將總和檢查陣列中的元素，一個接著一個嵌入到像素中的最不重要位元（Least Significant Bit, LSB）來嵌入浮水印資料。假設陣列中要嵌入的資料為「1011」，且選定將資料嵌入的路徑 A 上，又對應 A 路徑上點 A1，A2，A3，A4 的影像像素值分別是 33，51，30，34。當嵌入資料「1011」後，這四個像素利用 1 bit LSB 方法，而得到嵌入資料後的新像素值分別為 33，50，31，35，結果如圖 8-7 所示。同理，當影像需要驗證的時候，只要按照所選定的路徑依順序取出藏入的驗證訊息，並還原成陣列的形式，接著再執行產生驗證資訊的流程一次後，就可得到新的驗證資訊陣列。比對取出的驗證訊息陣列與產生的新的驗證資訊陣列就可知道影像是否遭竄改了。

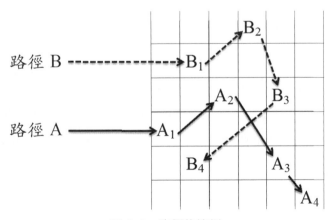

圖 8-6　路徑的範例

5	10	12	56	18	63
57	55	15	35	15	44
20	78	**51**	33	55	24
33	15	25	47	66	33
15	20	28	35	**30**	35
33	84	35	35	15	**34**

(a) 6×6 原始圖型

5	10	12	56	18	63
57	55	15	35	15	44
20	78	**50**	33	55	24
33	15	25	47	66	33
15	20	28	35	**31**	35
33	84	35	35	15	**35**

(b) 嵌入浮水印後的圖型

圖 8-7　Walton 方法範例

不過此方法有許多缺點，例如無法找到驗證資訊以及無法找出被竄改的位置是在影像中的那裡。其中無法找到驗證資訊的原因為這個方法是用總和檢查法（Check Sum）來執行驗證程序，所以，在某些情況下，例如：影像中的像素個數遭受到奇數或偶數個改變後，有可能運算出來的驗證資訊陣列還是與未改變前一樣。因此，Walton 的方法偵測不出竄改的地方且無法定位出哪一個像素被竄改過，也無法辨識遭竄改的地方是否為惡意還是失真。但這是最簡單容易讓讀者馬上直接進入浮水印技術的一扇門。

二、強韌型浮水印技術

強韌型數位浮水印（Robust Watermark）技術主要是利用所置入浮水印的強韌性（Robustness），以確保載體的完整性。當載體（多媒體資料）被攻擊或竄改或受雜訊干擾後，仍然能夠經由萃取出來的浮水印來證明其所有權，以達到保護著作權的功能。強韌型浮水印（Robust watermarking）目的是在保護創作者的著作權，顧名思義要能夠對各種攻擊有抵抗性，可視為簽章的一種，就像藝術家為自己的作品落款或用印一樣，現今網路上很多照片

都是使用這種，由於容易遭到不法人士加竄改，甚至將浮水印去除，而具備強韌性的浮水印遭遇竄改後，仍能正確的將浮水印擷取出來，以證明該文件的擁有者是誰。我們將使用一個簡單的例子來介紹強韌浮水印的技術。

範例 02

強韌浮水印的技術是由 Cox 於 1997 年所提出的離散餘弦轉換（Discrete Cosine Transform, DCT）應用在數位浮水印上的技術，有別於一般作法，Cox 將整張影像透過離散餘弦轉換後，將浮水印嵌入於交流（AC）係數中。

其主要目的是將數位影像由空間域的原始資訊轉換至頻率域，以便調整頻率域的係數值來嵌入浮水印，其主要過程就是將一張影像切割成 8×8 的區塊大小，再經由離散餘弦的轉換（DCT），得到離散餘弦轉換（DCT）係數，再選擇中頻係數，並嵌入浮水印的資訊，將修改後的係數以逆向的離散餘弦（Inverse DCT）轉回至空間域，即完成嵌入浮水印的過程。

偵測與取出浮水印的程序，則是將以嵌入浮水印的影像和以遭受破壞的浮水印影像做離散餘弦轉換（DCT），得到離散餘弦轉換（DCT）係數，求出中頻的係數位置，比較兩張影像的差別，就可偵測浮水印是否存在，取出的浮水印資訊也可以驗證版權的真實性。一般而言，數位浮水印技術大致上可分為嵌入浮水印與取出浮水印兩大步驟。大致而言，嵌入的方法如圖 8-8。嵌入的浮水印可以透過許多方法來擷取。

浮水印取出與偵測的流程如圖 8-9 所示。根據不同的方法，在擷取數位浮水印時，可以依原始影像要求分為需要原始影像與不需要原始影像兩種。不論嵌入的浮水印被破壞與否，我們可以利用原始浮水印與擷取出的浮水印相似度（similarity）做為判斷影像權益的依據。

圖 8-8　離散餘弦轉換後嵌入浮水印　　圖 8-9　逆向離散餘弦轉換後取出機密
　　　　　之流程圖　　　　　　　　　　　　　　訊息之流程圖

8.4　浮水印工具

　　浮水印的操作工具目前已有許多軟體可以在網路上搜尋及下載。以下將
介紹二款浮水印操作工具，讓讀者知道如何在軟體上製作屬於自己的浮水印
媒體。

■　浮水印添加軟體 uMark

　　uMark（https://www.uconomix.com/Products/uMark/），這是一款添加浮
水印的軟體，優點是可以快速地針對大量的影像進行批次處理，同時也提供
多種不同的浮水印添加服務，從圖像、文字、QR Code 或其他形狀等自行定

義浮水印樣式，uMark 提供了免費版及付費版，且支援 Windows、MacOS、iOS 等作業系統。其操作過程如下：

步驟一：首先開啟 uMark 軟體，軟體介面如圖 8-10 所示。

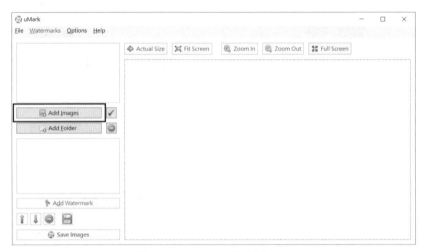

圖 8-10　uMark 的軟體介面

步驟二：接著，可以透過「拖曳」或點選「Add Image」將想要加入數位浮水印的數位影像輸入至 uMark 中，新增畫面如圖 8-11 所示。

圖 8-11　選取需要添加浮水印的影像 cat.jpg

接著可以看到我們成功將 cat.jpg 加入至 uMark 中，如圖 8-12 所示。

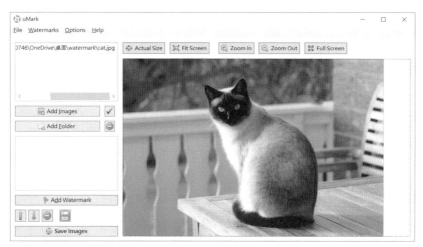

圖 8-12　新增圖像後的預覽圖示

步驟三：接著點選下方的「Add Watermark」以添加浮水印，uMark 中提供了多種添加浮水印的方式，我們可以點選任意一種方式來添加，範例中我們選擇功能「Add Text Watermark」以添加文字浮水印，新增選項如圖 8-13 所示。

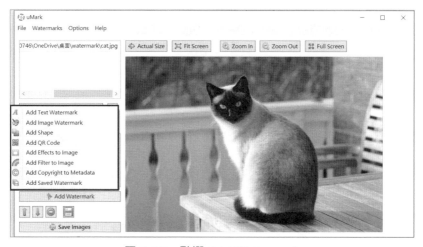

圖 8-13　點選 Add Watermark

步驟四：接著，會看到設置文字浮水印的介面，使用者可以在介面輸入想要設定的文字浮水印的內容，並可以設定字體大小、斜體、底線、浮水印位置調整、透明度、水平重複、垂直重複等其他屬性設定，設置畫面如圖 8-14 所示，在範例中，我們以「Welcome to ICCL」作為文字浮水印的內容，並添加至右下角的位置。

圖 8-14　浮水印的屬性設置介面

步驟五：設定完成後，我們就可以看到「Welcome to ICCL」的文字浮水印出現在數位影像的右下角，如圖 8-15 所示。在這個畫面中，我們也可以自行拖曳浮水印的位置，如果想要編輯浮水印的內容或是其他屬性設定，我們只要重新雙擊點選浮水印，就可以再開啟設置浮水印的介面。

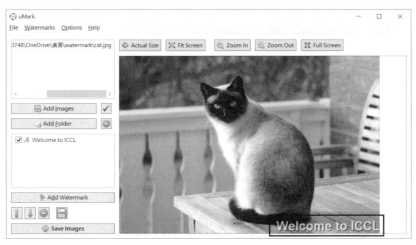

圖 8-15　新增完後浮水印的預覽圖示

步驟六：當浮水印建立完成後，點選「Save Image」儲存加入浮水印的數位影像，如圖 8-16 所示。

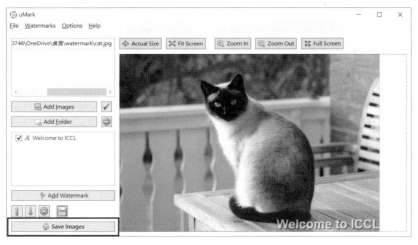

圖 8-16　點選 Save Image 按鈕

在這個介面中，可以針對輸出的影像選擇儲存的路徑，同時可以選擇輸出的格式是否與原影像一致，或是調整加入浮水印的數位影像的尺寸等其他屬性設定，當設定都完成後，點選「Start」就可以輸出影像，如圖 8-17 所示。

圖 8-17　輸出檔案的相關設定

最後，只要看到 uMark 顯示出文字訊息「Done!」就表示已經成功的將浮水印添加至數位影像中，如圖 8-18 所示。

圖 8-18　完成的提示訊息

打開儲存好的檔案，便可以檢視並確認浮水印已經添加到原始的數位影像之中，如圖 8-19 所示。

圖 8-19　添加完浮水印的影像

■ TSR Watermark Image Software 3.6.1.1

接著是 TSR Watermark Image（https://www.watermark-image.com/），這是另一款好用的浮水印工具，除了基本的文字或圖像浮水印的功能之外，還可以讓添加的浮水印具有 3D 的功能，並且可以對浮水印添加不同的特效，從旋轉、縮放、位置調整的基本功能之外，可以對浮水印增加邊框、濾鏡等功能，以製作出精美的浮水印，TSR Watermark Image 同樣也有分成免費版與付費版，免費版只能完成基本的浮水印功能，而付費版能夠提供更完善的功能選項。

步驟一：首先，打開 TSR Watermark Image，我們可以看到上面分頁的部分包括了「Files to watermark」、「Watermark(s) configuration」，以及「Save Watermarked pictures as」，分別為「需要添加浮水印的影像」、「浮水印的配置」以及「儲存加入浮水印的影像」，如圖 8-20 所示，我們第一步可以點選添加源下的「文件」按鈕，來新增需要加入浮水印的影像。

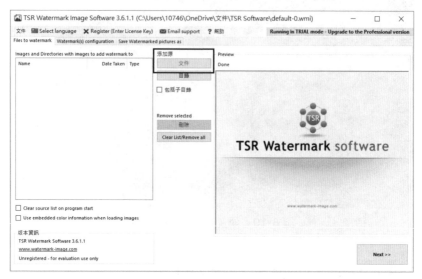

圖 8-20　TSR Watermark Image 的軟體介面

選取影像 dog.jpg 並點選「開啟」，如圖 8-21 所示。

圖 8-21　選取 dog.jpg 作為添加浮水印的影像

將影像加入後，可以從右側的預覽欄看到剛才加入的影像 dog.jpg，如圖 8-22 所示。

圖 8-22　添加完後的預覽圖示

步驟二：接著將分頁切換至「Watermark(s) configuration」來設定我們要添加的浮水印。TSR Watermark Image 預設設定了一個文字浮水印「Default」，我們可以自己選擇點選「Add」按鈕來添加浮水印，同時軟體中也提供了多種不同類型的浮水印供我們使用，包括了文字浮水印、3D 文字浮水印、圖像浮水印、3D 圖像浮水印、增加邊框浮水印與交叉線浮水印，如圖 8-23 所示。

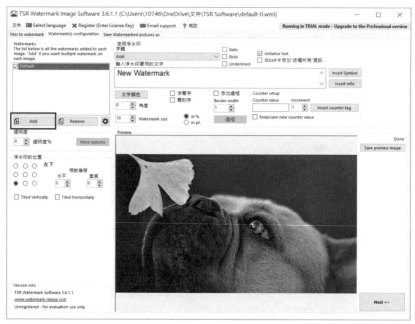

圖 8-23　切換至浮水印配置頁面

此時我們點選圖像浮水印「Image Watermark」並按下「OK」，如圖 8-24
所示。

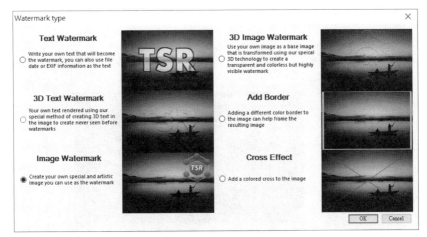

圖 8-24　浮水印功能欄

針對新增的浮水印進行命名，範例中使用「MyWatermark」進行命名，並按
下「確定」，如圖 8-25 所示。

圖 8-25　為浮水印進行命名

步驟三：在左側列表點選到剛才所新增的「MyWatermark」，接著點選「選
擇」按鈕，來選取需要當作浮水印的圖像，如圖 8-26 所示。

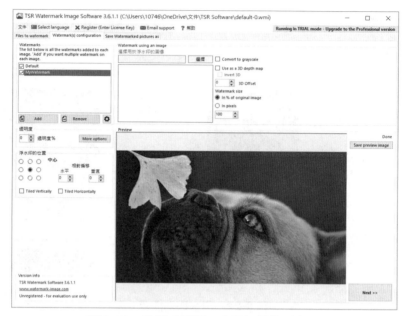

圖 8-26　點選「選擇」來添加圖像浮水印

選取「mainpic.jpg」作為浮水印影像，如圖 8-27 所示。

圖 8-27　選取要添加的圖像浮水印

接著就可以看到浮水印已經添加到「dog.jpg」，接著我們可以從左側的功能欄來針對浮水印的屬性進行調整，包括了浮水印的透明度、浮水印位置、相對偏移、水平重複以及垂直重複，如圖 8-28 所示。

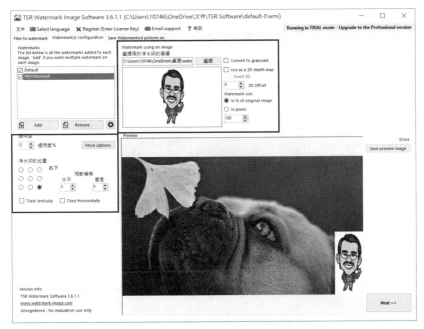

圖 8-28　為浮水印進行屬性設定

步驟四：我們將透明度設置為 70%，並把水平重複和垂直重複的選項勾選，設定完成後來檢視一下效果，如圖 8-29 所示。

當浮水印的相關設置都完成後可以點選右下角的「Next」。

圖 8-29 設置浮水印的屬性：透明度 70%；水平重複；垂直重複

步驟五：最後我們可以針對輸出的影像進行設定，包括輸出的檔案路徑、儲存的格式等等的，倘若都設定完畢則可以點選「開始」以輸出完成添加浮水印的影像，如圖 8-30 所示。

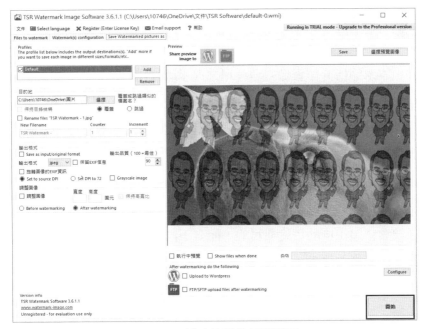

圖 8-30　輸出影像的相關設置

步驟六：輸出完成後就可以查看新增完成的浮水印影像，如圖 8-31 所示，由於這個軟體是使用免費版的，缺點就是在影像的最上方會有該軟體的浮水印，倘若需要去除最上方的文字就必須升級成完整版的 TSR Watermark。

圖 8-31　添加完浮水印的數位影像

8.5 結語

　　經由本章節所介紹影像處理應用之浮水印技術，培養讀者對於數位浮水印的概念及介紹二種浮水印工具是屬於可視型浮水印，可直接被肉眼所見，這種浮水印工具的優點就是不需經過任何演算法計算即可得知擁有者為何人，且浮水印本身亦是要給予觀看者的資訊，以表示資料來源或所有人，例如學術論文上經常會加上浮水印章，或者電視台會將其電視之徽章加在頻道畫面上，以方便觀眾辨識，同時也保護其影片不被直接盜用。此外，許多浮水印系統會依照不同的用途與目的，而有不同的嵌入方式。致於如何客觀的評論浮水印技術的優劣，目前沒有一個很具體且客觀的標準來論證。對於不同的應用都有其他不同的特色與優缺點。讀者對於基本的浮水印分類應有基本的認識。畢竟浮水印的技術就是要保護我們所有擁有的智慧財產權與完整性並透過完善的管理以及保護機制，這部分使得影像處理在電腦或是網路犯罪具有關鍵性地位。也由於目前數位影像常遭受到非法的複製、篡改，這使得所有權的認定成為重要的問題。再者，浮水印工具的介紹，藉此能提供讀者對浮水印工具有更多的了解，利用一些簡單的浮水印工具就能將一些個人的隱私資料加以保護，防止其他有心人士的使用與竄改，進而達到嚇阻與保護的作用。

問題與討論

1. 簡述依目的作為分類的浮水印種類。

2. 簡述浮水印的特性。

3. 簡述浮水印攻擊種類。

4. 簡述利用 uMark 製作圖片浮水印。

5. 簡述利用 uMark 及 TSR Watermark Image 工具製作數位浮水印，並比較其優缺點。

MEMO

3

數位媒體與
應用篇

多媒體視覺安全系統

導讀 >

隨著網際網路的普及與網路科技的蓬勃發展，且網路應用的功能愈來愈多樣化的同時，如何建立一套完善的影像視覺機制，來保護在網路上所傳輸的各項安全性資料已成為現階段最重要的課題。但目前各式各樣的機制如：密碼學、電子簽章、數位浮水印等，皆存在著某些缺點，例如：複雜的運算成本、管理技術等。因此，為了解決這些缺點，因此發展出以視覺安全技術來解讀資料。影像視覺利用了人類視覺系統並且不需要複雜的計算成本即可解讀資料。本章將針對影像處理之黑白影像、灰階影像、彩色影像視覺作說明，並分析視覺系統運作機制及其理論基礎，最後再介紹現今實際應用實例及分析未來影像視覺之發展趨勢。

◀ 前言 ▶

隨著網際網路的技術逐漸成熟，提供了多樣化的網際網路應用給予大眾，諸如：網路銀行、線上交易平台、即時通訊等；使得大眾生活愈來愈離不開電腦，然而在網路上的虛擬世界與現實生活的相互連結需要建立在安全性及隱私性的基礎上，而為達成這些目的也產生了許多有關這方面的議題，如：密碼學、鑑定機制、電子簽章等各式各樣的安全機制。但目前常被廣泛使用的安全機制，大都存在著複雜的計算成本、密碼管理等問題，因此透過影像處理裡視覺系統安全的概念，進而達成降低電腦運算與密碼管理成本等優勢。

9.1 視覺安全技術

視覺安全是藉由人類的視覺系統來解讀訊息,一般而言,視覺安全應用在顯示機密訊息或圖片上。在概念上,所謂視覺安全,泛指利用視覺系統達到各種安全性的原則下,並利用視覺化密碼、視覺化密碼編碼法、視覺秘密分享等技術,進行鑑定或秘密訊息交換。

視覺安全的原理主要是依據人類視覺系統對於辨識不同色差、圖形符號的影像,經由腦部邏輯運作,而賦予影像意義為基礎。例如檢測色盲的卡片,即是以人眼視覺從數種不同色彩的雜點中,進而判斷出所包含的訊息。

視覺安全是由 Naor 和 Shamir 在西元 1994 年提出的概念,透過已經設計好的模型,在加密階段,將原始機密分散成數張雜亂無章的分享影像;在解密階段,只需疊合一定數量的分享影像,且不需要任何大量複雜的數學運算,只要透過人類的視覺系統,即可解讀原始機密的作法。而這種方式不但不需具備任何傳統密碼學的專業知識,即具有視覺化、操作簡易、高度保密等優點。雖然視覺安全具有多種優勢,但在實際應用上仍需克服某些缺點,例如影像儲存成本增加、影像對比的下降及影像的清晰度等問題。以下將針對黑白影像、灰階影像、彩色影像視覺安全作說明,並解說視覺安全運作機制及其理論基礎,最後再介紹視覺安全實際應用。

9.1.1　基礎黑白視覺

　　二元影像（即黑白影像），是最早被運用在視覺安全技術中，且該影像也是最簡單和最基礎的影像種類。二元影像是由多個像素（Pixel）所構成，且每一個像素僅存在兩種可能，不是黑就是白。而在西元 1994 年 Naor 與 Shamir 首先提出植基於黑白影像之視覺密碼技術，而此一技術，為達到秘密分享之目的，將機密影像中的每一個像素進行擴張成若干個子像素（Sub Pixel），此方式即稱為像素擴張（Pixel Expansion）。秘密影像（Secret Image）則將每一像素擴張成 1×2 的區塊，依據原秘密影像圖（Cover Image）的像素值為黑色或白色，來決定擴張後的像素區塊為黑色或白色。舉例而言，若原秘密影像的像素值是黑色，所分解出來的分享圖，經過疊合後呈現二個黑點的像素區塊；反之，若原秘密影像的像素值是白色，所分解出來的分享圖，經過疊合後形成一黑一白的像素區塊。藉由這種方式所產生的疊合圖，將因人類視覺系統對於色差反應，進而解讀出原機密影像之訊息，然而，單從各分享圖來看，卻是雜亂無意義的影像。

　　Naor 與 Shamir 的視覺安全基本概念如圖 9-1 所示，假設機密影像上存有秘密訊息 "ICCL2012"，依據前段所述參照原機密影像之像素值為黑色或白色，產生可能之像素組合如圖 9-2 所示，並再以隨機選取像素組合的方式來產生分享圖，從圖 9-1 的分享圖結果可發現，原先之秘密訊息已完全不存在，且又因像素組合為隨機產生，單就任何一張分享圖而言，無論如何分析均無法取得原先之機密訊息，但經由分享圖疊合後，卻可以用人類的視覺系統辨識出原秘密影像的訊息，而其所呈現的效果將使秘密影像有拉長的視覺效果，形成不等比例之擴張。

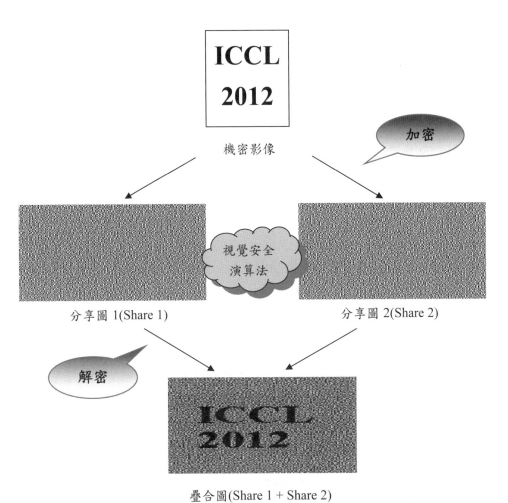

圖 9-1　Naor 與 Shamir 的視覺系統安全基本概念

機密影像的像素		分享圖 9-1	分享圖 9-2	分享圖 1+2 疊合之結果
黑色	■	■	■	■
		■	■	■
白色		■	■	■
		■	■	■

圖 9-2　像素擴張黑白視覺密碼可能的像素組合範例

9.1.2 灰階視覺

在前一小節介紹如何在黑白影像上實現視覺安全，而實際上影像種類不單只是黑與白一種形態。因此，提出了在灰階影像上實現視覺安全的機制。灰階影像和黑白影像不同之處在於黑白影像中每個像素值非黑即白，而灰階影像中每個像素值則為 0 到 255，而 0 到 255 表示不同的明暗程度，因此會產生漸層的效果。而為了將黑白視覺安全應用在灰階影像上，將利用半色調（Halftone）技術，把灰階圖轉換成黑白的影像，但是還是感覺的出來其灰階圖原本的明暗感。

在數位影像上，可以利用調整像素所發出的光的強度來產生色階的效果，但是一般的點陣式或噴墨式列印設備，只能控制其像素要印或不要印，而無法對明暗度進行調整，所以才會發展出半色調的技術。而半色調技術，主要是利用人類視覺系統存有對於影像色差的低頻濾波器的特性，會利用網點（黑點）的疏密程度來表示影像的色階，如明亮的部份會使用較稀疏的網點，反之，較暗的部份會使用較密集的網點，因此，採用不同疏、密程度區塊的網點，可用表現出原本所要表示出的灰階效果，如圖 9-3 所示，藉此來達成將灰階影像轉換成二位元影像的目的。

（灰階色階）

（半色調色階）

圖 9-3　灰階影像和半色調處理影像比較色階圖

　　為了模擬出接近灰階影像的明暗效果，也產生了決定如何分配網點的各式半色調技術，常見的半色調技術種類很多，若是依濾鏡和影像比對的方式不同可分成以下二類：

1. 點陣式比對方式：此種方式的半色調技術是以比對遮罩的各像素點的門檻值，依其原理方法各異的半色調演算法而產生。接著，再將遮罩與原始影像作點對點的像素點比對方式，比對門檻值來決定輸出的結果。屬於這個分類的方式有定階量化法（Fixed-level Quantization）、增添雜訊法（Add Noise）及藍雜訊遮罩（Blue Noise Mask）等。

2. 區塊比對方式：相較於點對點的點陣比對，此方式將連續性的原始灰階影像分割成數個小區塊，接著設計一個大小與小區塊相同的門檻值遮罩，然後以此遮罩對小區塊內的原始灰階數值作比對與處理，以產生半色調影像，屬於這個方式的半色調處理方式有叢聚式抖動法（Clustered dithering）、分散式抖動法（Dispersed dithering）、誤差擴散法（Error Diffusion）等。

　　上述點陣式比對方式與區塊比對方式之半色調技術皆各有其優劣之處，以下介紹一種誤差擴散法之半色調技術，此方法的基本的運作流程如圖 9-4 所示。

圖 9-4　錯誤擴散法流程圖

　　1976 年有學者提出了 Floyd-Steinberg Error Filter 誤差擴散法（Error Diffusion），Floyd-Steinberg Error Filter 與一般的誤差擴散法不太一樣，是將每一個像素值進行量化後，再將量化誤差值（Quantization Error）分配或擴散到鄰近的像素值，其對誤差擴散至鄰近像素點所產生流程如下：

步驟一：假設有一張灰階影像圖 9-6(a)，並取灰階像素之中間值 128 做為門檻值，若首先選取原圖最左上角的像素值來轉換，若比門檻值大則將原始像素值更改為 255（白色），若比門檻值小則將原始像素更改為 0（黑色）。

步驟二：利用圖 9-5 之矩陣為規則來修改鄰近的像素值，其中圖中的 "X" 為 Step1 所處理的像素值。

$$\frac{1}{16}\begin{bmatrix} & X & 7 \\ 3 & 5 & 1 \end{bmatrix}$$

圖 9-5　Floyd-Steinberg 誤差擴散矩陣

步驟三：由最左上角的像素處理完後換至下一個像素處理，依照 Step 1 和 Step 2 的方式，式將整張影像處理完畢，即可得到半色調的影像，其實驗結果如圖 9-6(b) 所示。

(a) 灰階影像　　　　　　　　(b) Floyd-Steinberg Error Filter

圖 9-6　使用誤差擴散法

範例 01

　　假設有一個灰階影像其像素值矩陣如圖 9-7(a) 所示。首先，判斷左上角的像素值 X 是否大於門檻值 $T = 128$（依據 Step 1），因為 $X = 160 > T = 128$，所以 X 必須更改為 255，結果如圖 9-7(b) 所示，接著以 X 為基準點，由右至左、由上至下依序處理其他鄰近的像素值（依據 Step 2），其計算方法如下：

　　右邊：像素值 120 修改為 $120 + (7/16) \times (160 - 255) = 78$。

　　左下：本值沒有左下角的像素。

　　下邊：像素值 90 修改為 $90 + (5/16) \times (160 - 255) = 60$。

　　右下：像素值 100 修改為 $100 + (1/16) \times (160 - 255) = 94$。

　　其結果如圖 9-7(c) 所示。接著，我們再處理下一個像素值 78，即 $X = 78$。首先，依據 Step 1，我們可知道 $X < 128$，所以 X 必須更改為 0，其結果如圖 9-7(d) 所示，再以 X 為基準點，由右至左、由上至下依序處理其他鄰近的像素值（依據 Step 2），其計算方法如下：

　　右邊：像素值 80 修改為 $80 + (7/16) \times (78 - 0) = 114$。

　　左下：像素值 60 修改為 $60 + (3/16) \times (78 - 0) = 75$。

　　下邊：像素值 94 修改為 $94 + (5/16) \times (78 - 0) = 118$。

　　右下：像素值 150 修改為 $150 + (1/16) \times (78 - 0) = 155$。

　　依此方式將所有的像素皆處理完畢後，即可得到半色調的矩陣，即矩陣內的數值為 0 或 255。

$$
\begin{bmatrix} \boxed{160} & 120 & 80 \\ 90 & 100 & 150 \\ 180 & 80 & 70 \end{bmatrix} \xrightarrow{T > 128} \begin{bmatrix} \boxed{255} & 120 & 80 \\ 90 & 100 & 150 \\ 180 & 80 & 70 \end{bmatrix} \longrightarrow \begin{bmatrix} 255 & \boxed{78} & 80 \\ 60 & 94 & 150 \\ 180 & 80 & 70 \end{bmatrix} \xrightarrow{T < 128} \begin{bmatrix} 255 & \boxed{0} & 80 \\ 60 & 94 & 150 \\ 180 & 80 & 70 \end{bmatrix}
$$

(a)　　　　　　　　　　(b)　　　　　　　　　　(c)　　　　　　　　　　(d)

圖 9-7　Floyd-Steinberg 矩陣誤差擴散法的範例

9.1.3　彩色視覺

　　在日常生活中，彩色影像的使用比率大於黑白與灰階影像，而在本節將介紹另一種影像類型－"彩色影像"。而彩色影像的原理是將三種原色進行疊合，並依疊合的組合的不同來產生其他種類的色彩，而由三原色所形成的色彩模型可分成 RGB（Red、Green、Blue）與 CMYK（Cyan、Magenta、Yellow、Black）兩種，前者為光源三原色可透過疊合與調整亮度強弱來產生各種顏色，主要用於數位影像，而後者顏料三原色則用於印刷技術上。有關兩種三原色模型，如圖 9-8、圖 9-9 所示。（註：RGB（Red、Green、Blue）與 CMYK（Cyan、Magenta、Yellow、Black）兩種三原色模型之相關性，請參考第一章，數位影像簡介。）

圖 9-8　RGB 模型

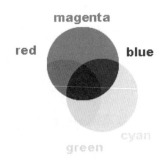

圖 9-9　CMYK 模型

　　若從數位影像的原理來看，彩色影像可視為灰階影像的延伸，我們可以將彩色影像分成 RGB 三層個別色層，也就是說在彩色影像中，由不同亮度的三種原色來形成一個像素值。因此，彩色視覺安全一樣可以採取像素組合的方式，來達成視覺安全的目的。在此介紹其中的一種方法。它是將一張機密的彩色影像分解成 R、G、B 三個影像色層，然後利用半色調技術將這三個影像色層分別處理成三個半色調影像色層，再以圖 9-10 之像素組合將三個影像擴張成 2×2 的影像後，分別形成兩張分享圖，接下來只要將這兩張分享圖疊合之後，就可以得到原本的彩色機密影像。

原始圖	分享圖 9-1	分享圖 9-2	疊合圖	C、M、Y 值
□ （White）				（0，0，0）
■ （Cyan）				（1，0，0）
■ （Magenta）				（0，1，0）
□ （Yellow）				（0，0，1）
■ （Blue）				（1，1，0）
■ （Red）				（0，1，1）
■ （Green）				（1，0，1）
■ （Black）				（1，1，1）

圖 9-10　彩色視覺安全影像組合

有關彩色影像視覺安全之方法如圖 9-11 所示，步驟如下所述：

步驟一：首先將彩色原圖轉換為三張分色影像，分別為 C、M、Y。

步驟二：將 C、M、Y 三張分色影像用半色調技術處理，得到 CH、MH、YH 三張分色半色調影像。

步驟三：接下來分別對 CH、MH、YH 三張分色半色調影像做以下處理：

(1) CB_{ij}、MB_{ij}、YB_{ij} 分別代表 CH、MH、YH 三張影像中的像素，並且依圖 9-10 定義，將每個像素分別擴展出 2×2 的區塊 $UnitC_1$、$UnitC_2$，$UnitM_1$、$UnitM_2$ 及 $UnitY_1$、$UnitY_2$。

(2) 將區塊 $UnitC_1$、$UnitM_1$ 及 $UnitY_1$ 組合，並且將其擺入對應於 P_{ij} 位置的 Share1 區塊中。

(3) 另外將區塊 $UnitC_2$、$UnitM_2$ 及 $UnitY_2$ 的組合區塊填入對應於 P_{ij} 的 Share2 區塊中。

步驟四：重複上述步驟，直到每個像素都經過處理，得到兩倍原圖長與寬的 Share1 以及 Share2 影像。

圖 9-11　彩色影像視覺安全的流程

9.2 視覺系統運作技術

在前一小節中，我們介紹了各種影像類型如何實現視覺安全系統，並呈現了許多影像範例，而在本小節將著重於以數學觀點來分析與綜覽視覺安全運作的方式。

9.2.1 秘密分享

「秘密分享」（Secret Sharing）的概念是一個秘密 f 的擁有者，要將秘密分給其他的參與者，但是又不希望每位參與者可獨自獲得這個秘密，而是要集合部分或全部的參與者才能得到這個秘密，這種概念就叫做秘密分享，而秘密分享常以 (t, n)-threshold（或是 t out of n 門檻機制）來加以實現。思考下列的生活範例：假設保險櫃僅能由一把金鑰才能開啟，如果複製多把相同的金鑰給該保險櫃的共同擁有人，此時保險櫃可由擁有相同的金鑰之任一人所開啟，這並不符合 "共有" 的概念。因此，若能使保險櫃可對應至多把不同的金鑰，並且需取得一定數量的金鑰方可開啟時，才可達成共同擁有，無法由單一金鑰的擁有者開啟，此概念即所稱為「秘密分享」。

Shamir 於 1978 年提出了一種數學模式來應用秘密分享。其原理利用二維座標裡，線上二點可造同一直線，曲線上三點造同一曲線。 以此類推，故只要取得原曲線上部份點的集合即可重造（恢復）原曲線。此種數學模式以藉由 LaGrange 內插多項式 $f(x) = \sum_{i=1}^{n} s_i \prod_{j=1, j \neq i}^{n} \dfrac{x - ID_j}{ID_i - ID_j} \bmod p$ 來實現。例如若有四人 ($ID_1 = 3$, $ID_2 = 4$, $ID_3 = 5$, $ID_4 = 6$) 的個別秘密分別為 $s_1 = 7$, $s_2 = 17$, $s_3 = 3$, $s_4 = 13$ 與共同質數 p 為 29。若欲得到共同的秘密時，得代入

$$f(x) = \sum_{i=1}^{n} s_i \prod_{j=1, j \neq i}^{n} \frac{x - ID_j}{ID_i - ID_j} \bmod p$$

$$f(x) = \sum_{i=1}^{4} s_i \prod_{j=1, j \neq i}^{4} \frac{x - ID_j}{ID_i - ID_j} \bmod 29$$

$$= 7 * \frac{(x-4)(x-5)(x-6)}{(3-4)(3-5)(3-6)} + 17 * \frac{(x-3)(x-5)(x-6)}{(4-3)(4-5)(4-6)} +$$

$$3 * \frac{(x-3)(x-4)(x-6)}{(5-3)(5-4)(5-6)} + 13 * \frac{(x-3)(x-4)(x-5)}{(6-3)(6-4)(6-5)} \bmod 29$$

從上述的結果，可推得三次多項式：$f(x) = 8x^3 + 8x^2 + 6x + 20 \bmod 29$。再以 $x=0$ 代入此式，即可得知共同秘密可設定為 20。這四人手中的個別秘密即稱為 Share（部份秘密）。事實上，在 $f(x) = 8x^3 + 8x^2 + 6x + 20 \bmod 29$ 中任四點依內插多項式的方法亦將會重建原曲線的多項式 $f(x)$。若以五點造同一曲線為例，如圖 9-12 所示。

(a) 秘密 s 分享成 5 份

(b) 原始曲線由五點所構成

(c) 原始曲線可由所公佈的 2 點再配合曲線上其他 3 點所重建

圖 9-12　多項式之秘密分享機制

另外在祕密分享機制中所謂的 Threshold，意即將祕密分成 n 份 Shares，持有 t 份以上的 Share (ID$_{iw}$, S$_{iw}$), $w = 1, 2, ..., t$，就可推導出共有的祕密。以下為 t 份以上的 Shares 所使用的內插多項式：

$$f(x) = \sum_{w=1}^{t} s_{iw} \prod_{z=1, z \neq w}^{t} \frac{x - ID_{iz}}{ID_{iw} - ID_{iz}} \mod p$$

最後令 $f(0)$ = 共同祕密，即為祕密分享的效果。

範例 02

若有 6 位使用者分別持有座標點 (D$_i$, S$_i$), $i = 1, 2, ..., 6$ 如下：

$$U_1 : (ID_1, S_1) = (9, 78) \qquad U_2 : (ID_2, S_2) = (10, 469)$$
$$U_2 : (ID_3, S_3) = (11, 27) \qquad U_4 : (ID_4, S_4) = (12, 9)$$
$$U_5 : (ID_5, S_5) = (13, 3) \qquad U_6 : (ID_6, S_6) = (14, 622)$$

且令共同質數為 $p = 719$。若祕密分享為 (6,6)-Threshold，則內插多項式可依 LaGrange 方式產生 $f(x)$：

$$f(x) = \sum_{i=1}^{6} s_i \prod_{j=1, j \neq i}^{6} \frac{x - ID_j}{ID_i - ID_j} \mod p$$
$$= 346x^5 + 643x^4 + 344x^3 + 571x^2 + 508x + 259 \mod 719$$

若令共同祕密 $S = f(0) = 259$，且令在 $f(x)$ 上新的二點為 $(1, f(1)) = (1, 514)$ 與 $(2, f(2)) = (2, 349)$。若配合原先任四點如 (11, 27)，(13, 3)，(12,9) 與 (9, 78) 則 $f(x)$ 可被重建。再令 $f(0)$ 即得到原共同祕密 $S = 259$。

9.2.2 像素與矩陣

一張數位影像是由許多個像素所組成，而當愈多像素所組成的影像，則影像的解析度愈大，即表示需使用更大的儲存空間儲存該張數位影像。就以

電腦如何儲存一張影像資訊的觀點來看，每個像素都有其對應的值，而這個值即是代表影像亮度的強弱。因此，每一張數位影像的像素值，都可以對應出一個矩陣，而各種數位影像處理技術，亦可說是建立在此矩陣的運算上。

傳統的視覺安全是建立在黑白的二元影像上，假設 0 表示白色、1 表示黑色，將機密影像之像素分解成 n 張分享影像，即定義 M_0 與 M_1 兩個 $n \times m$ 布林矩陣，其中 M_0 為處理白色點的矩陣，M_1 為處理黑色點的矩陣，n 代表要分成多少張分享影像的個數，m 為每一個點要擴張成幾倍。舉例來說，M_0 如圖 9-13 所示，其為 2×2 的矩陣，所以可以分為 2 張分享影像 ($n=2$)，每一個像素會擴張成 2 倍 ($m=2$)。

圖 9-13　M_0 範例矩陣

若以一個 2×2 的矩陣為例，如圖 9-14 所示。0 表示白色、1 表示黑色，如果機密影像的點為白色，則依 M_0 來看可分為兩張分享影像。將原機密影像每個點擴張為兩倍成為分享影像，也就是分享圖 1 為 (1，0)，分享圖 2 為 (1，0)。若點為黑色的話，依 M_1 來看，分享圖 1 為 (1，0)，分享圖 2 為 (0，1)。依序將整張機密影像分解成兩張分享圖，其表現出的方法就如圖 9-15 所示。

在實作上，則是根據原機密影像之像素來決定出分享圖所對應出的像素矩陣組合，由於原機密影像不論是黑或白，其對應的擴充矩陣組合是 01 或 10 的機率均是二分之一，因此，透過亂數所選取出的像素組合來產生分享圖，對於單一張分享圖而言，僅是一張隨機影像，而不會包含任何機密影像資訊，藉以來達成視覺安全之目的。

$$M_0 = \begin{pmatrix} 1 & 0 \\ 1 & 0 \end{pmatrix} \text{ OR } \begin{pmatrix} 0 & 1 \\ 0 & 1 \end{pmatrix} \qquad M_1 = \begin{pmatrix} 1 & 0 \\ 0 & 1 \end{pmatrix} \text{ OR } \begin{pmatrix} 0 & 1 \\ 1 & 0 \end{pmatrix}$$

圖 9-14　2×2 的矩陣

原圖	處理矩陣	分享圖 9-1	分享圖 9-2	重疊結果	視覺判斷
	$M_0 = \begin{pmatrix} 1 & 0 \\ 1 & 0 \end{pmatrix}$				白
	$M_0 = \begin{pmatrix} 0 & 1 \\ 0 & 1 \end{pmatrix}$				白
	$M_1 = \begin{pmatrix} 1 & 0 \\ 0 & 1 \end{pmatrix}$				黑
	$M_1 = \begin{pmatrix} 0 & 1 \\ 1 & 0 \end{pmatrix}$				黑

圖 9-15　1×2 視覺安全範例

9.2.3　視覺安全門檻技術

　　從前段的介紹中，我們可以發現視覺安全具有兩項特點，即秘密分享與視覺辨識。在秘密分享方面，是採用 (t, n)-threshold 門檻機制來達成，主要是能將機密影像分成 n 張分享圖（Shares），而從各分享圖之中無法取得任何機密資料，也無法推測出機密資料的內容，必須要將 t 張以上的分享圖疊合後，才可以得到原本的機密資料，而 t 值就是達成還原機密訊息的門檻值。此外，在視覺辨識方面，也就是其在還原機密影像時，有別於傳統的密碼學要經過複雜的計算才能獲取原本機密內容，視覺安全只需用人類的眼睛就可以得到其原本機密資料的內容。

　　若將秘密分享門檻機制以集合的結構形式來表示，則所使用的存取結構（General Access Structure）為 G = {P,F,Q}，其中集合 P = {1,2,...,n} 表示所有的參與者，也就是將機密訊息分成 n 張分享子圖給予 n 個參與者。P 為全體子集合，其集合大小為 2^P，又此集合可分為有效集合 Q 與無效集合 F，其中 $Q \subseteq 2^P$ 且 $F \subseteq 2^P$，且有效集合 Q 與無效集合 F 是互斥的，即 $F \cap Q = \phi$。無效集合 F，表示從集合中的取出少於或等於 t−1 張的分享子圖中無法解出機密訊息；有效集合為 $Q = 2^P - F$，表示從集合中的取出 t 以上的參與者（分享子圖）才能解出機密訊息，那麼我們可以稱 (P, Q) 是 (t, n) 存取結構。假設一個子集合 S，$S \subseteq 2^P$，若 $S \in Q$ 則表示子集合 S 中的分享子圖可以透過疊合來獲得機密訊息，反之若 $S \in F$ 則無論如何都無法透過疊合獲得機密訊息。

　　若從像素的觀點來看秘密分享門檻機制，如果一張數位黑白影像是由一堆黑和白的像素所組成的，其中 "0" 代表白像素（White Pixel），"1" 代表黑圖素（Black Pixel）。在製作每一張分享圖給參與者時，一個像素被分成數個子像素（Sub Pixels），並將這些子像素製作到參與者的分享圖中。而所謂「合格的參與者」就是指把這些像素疊合在一起，進而合成原來的機密訊息；反之「不合格的參與者」則無法從像素疊合在一起後得到任何的資訊。我們可以用布林矩陣的表示方法來描述如何還原機密訊息，其方法如下所示：

　　假若有一個 n×m 大小的布林矩陣 C，矩陣內的數值是由分享圖上的子像素所組成，其中 C_{ij} 代表第 i 張分享圖上的第 j 個子像素；當 $C_{ij} = 1$ 時，即為第 i 張分享圖上的第 j 個子像素是黑色像素；反之 $C_{ij} = 0$ 時，為第 i 張分享圖上的第 j 個子像素是白色像素。若矩陣 C 屬於有效集合 Q，則從矩陣 C 中所取出的分享圖 $i_1, i_2,..., i_r$ 共 r 張分享圖，並進行疊合即可獲得機密訊息；而所謂的分享圖疊合就是將對應之每一行像素做 "OR" 的布林運算，接著再將運算結果以影像方式呈現再經人眼辨識就可看出機密訊息。

如何透過從 "OR" 計算每一張分享圖的子像素所產生的值，來顯示出灰階深淺對比的程度之 V 向量？我們將採用漢明量 $H(V)$ 的表示法來表示人眼辨識灰階深淺的程度。假設 d 為人類視覺判斷之門檻值，給定一個門檻值 $1 \leq d \leq m$ 以及對比值 $a > 0$，通常 α 為大於 1 的常數。在這個條件下，當 $H(V) \geq d$ 時，此漢明量 $H(V)$ 在人類視覺辨識灰階深淺度上將判斷為黑色的像素區塊，當 $H(V) \leq d\text{-}\alpha m$，其中 αm 表示色差，則在人類視覺判斷下將視為白色的像素區塊。

範例 **03**

在一個 VSS 機制中，若 G = {1, 2, 3, 4, 5}, Q = {{1, 2, 3},{1, 3, 4},...,{3, 4, 5}} 且 $d \geq 3$，以及 F = {{1},{2},...,{4, 5}}。也就是指一個 (3, 5)-threshold 機制，且其基礎矩陣 C_0 以及 C_1 被設計如下：

$$C_0 = \begin{bmatrix} 1 & 0 & 0 & 0 & 0 \\ 1 & 0 & 0 & 0 & 0 \\ 1 & 0 & 0 & 0 & 0 \\ 1 & 0 & 0 & 0 & 0 \\ 1 & 0 & 0 & 0 & 0 \end{bmatrix} \text{ 及 } C_1 = \begin{bmatrix} 1 & 0 & 0 & 0 & 0 \\ 0 & 1 & 0 & 0 & 0 \\ 0 & 0 & 1 & 0 & 0 \\ 0 & 0 & 0 & 1 & 0 \\ 0 & 0 & 0 & 0 & 1 \end{bmatrix}$$

首先分析矩陣 C_0 與 C_1，可發現在 C_0 中選擇任意 n 列的元素進行 "OR" 的運算，其結果都只獲得 $H(V) = 1$，而在 C_1 中只要選取 n 大於等於 3 列的元素進行 OR，便可取得符合門檻值 $H(V) \geq 3$。從圖 9-16 顯示出進行解密後影像的矩陣情形，假設每一列的數值代表為一張分享圖（Share）的像素組合，而將所選取的每一列中的每一行進行 "OR" 運算的結果，則可得出疊合之分享圖的像素組合，其中運算後 1 元素的個數即為漢明量 $H(V)$ 的值。

$$0 \quad 1 \quad 1 \quad 0 \quad 1$$

疊合影像(Share3+Share4 +Share 5)H(V)= 3

圖 9-16　(3,5)-threshold 的布林矩陣範列

9.3 視覺安全系統應用

　　視覺安全技術於認證或是秘密分享的應用，已常見於各項驗證機制中，廣義而言視覺安全的應用可泛指以視覺辨識來達成安全性目的之各項技術。而透過視覺安全來達成的安全機制，具有非記憶性、低運算成本、高度安全等優勢。以下將介紹視覺安全三項常見的應用，即視覺化密碼、圖形驗證碼、動態密碼。此外，視覺安全透過產生雜亂無章的分享圖，並利用疊合的方式，產生機密訊息；因此，我們將介紹另一種視覺安全 –QR Code 密碼。

9.3.1 視覺化認證

　　密碼的使用在於進行身分及權限的認證，當網際網路所提供的各項服務愈來愈多樣化之際，對於網際網路具有匿名特性，使得對使用者提供這些服務首要問題即是確認為對象為經授權的「個體」，在對方身分被確認之後，才可依授權等級提供不同的服務。除了網際網路外，一般機密訊息的存取及管制區的進出等，都需經由身分認證的機制，以防止未經授權的存取。

　　一般常見的身分認證方式，主要有以下三種：記憶帳號密碼、生物特徵（Biometrics）及持有信物（Token）。採用記憶帳號密碼的認證方式，為目前最常見的身分認證方式，此方法將註冊階段使用者設定之一組使用者代號及密碼資料存入資料庫，並在將來登入時，依使用者輸入進行比對，只要有任一項不符，即拒絕提供授權，具有實作程序簡單的優點。然而此方法的安全性建立在密碼的複雜性及長度，對於使用者而言，記憶過長或是極為複雜的密碼是一項難題。而透過生物特徵的認證方式，是依不同使用者間在生理或行為特徵上的獨特性，所建立的資料做為進行認證之基準。常見的生物特徵技術，如指紋、眼睛虹膜、去氧核糖核酸（DNA）、聲紋等，其中以指紋辨識技術發展最早也最成熟，也是目前最具代表性的生物測定技術。使用生物特徵的認證方式具有無需記憶密碼及無需攜帶東西即可進行身分認證的好處，但其缺點在於精確度不易衡量，並且因生物特徵與個體高度相關而產生隱私權侵犯的質疑。至於採用信物以所持有的東西來進行認證，例如智慧卡、IC 卡或是 RFID 技術，使用者無須再記憶複雜的密碼，且遺失可再行補發。但此法之缺點需面對信物被竊取、冒用或是複製的問題，同時信物的安全保護機制亦需考量。

　　除了上述介紹的三種方法外，另一項依據人類視覺系統對於影像色差的反應及賦予影像不同意義之辨別能力，達到身分認證的功能，即為「視覺化認證」機制。此方法是將金鑰等認證資訊，透過視覺安全演算法處理後，產生認證所需的分享圖片，並在進行認證時透過視覺辨識來還原認證資訊，相較於一般認證方式，歸納出以下優點：

1.　以生物本能之視覺系統為判讀認證訊息，不受記憶能力之限制。

2.　產生訊息之圖片不需透過複雜的指數運算，可有效減低運算成本。

3.　以視覺辨識還原資訊的方式，不易受到攻擊，諸如：機器人、Hacker等。若有任何訊息遭受竄改，也容易被察覺。

4.　僅須提供可處理圖形能力之裝置即可進行，以現行各項電腦、行動裝置均可支援。

9.3.2 圖形驗證碼

圖形驗證碼（Completely Automated Public Turing Test to Tell Computers and Humans Apart, CAPTCHA）近年來被廣泛應用在許多網路的服務中，此項技術透過隨機產生的圖片及驗證碼，並透過使用者以視覺辨識的方式，來輸入驗證碼資訊，藉以判斷使用者是人類還是電腦自動控制，可說是廣義視覺安全的應用。

而使用圖形驗證碼可有效阻絕未被授權的登入者用特定程式以暴力破解法不斷嘗試密碼，並防止網站使用者使用自動化程式，進行自動註冊、發表大量灌水文章等浪費伺服器資源及阻斷服務的攻擊。

為了防止使用者採用所謂的 OCR 程式進行文字辯識，圖形驗證碼也進行許多的改良，如圖 9-17 及圖 9-18，採用了混亂的背景或是不常見的字形，可確保使用者必須進行視覺辨識及輸入驗證碼的動作，達成上述所提各項功能。

圖 9-17　經濟部商業司全國商業服務網　　　　圖 9-18　Google 帳戶登入驗證

9.3.3 動態密碼

動態密碼（One Time Password; OTP）又稱一次性密碼，概念為解決一般靜態密碼易遭受破解。動態密碼的運作方式利用重要的個人資訊（如：個人密碼、智慧卡、IC 卡、晶片卡資訊…等）與密碼產生器產生一組一次性密碼，在需要登錄的時候，就利用一次性密碼進行登錄。密碼產生器會隨機產生一組密碼並要求使用者以視覺辨識後輸入該密碼，就其基本原理而言，亦符合廣義的視覺安全的應用。

　　動態密碼的產生方式，是植基於使用者在註冊身分時，所預先共享的資訊做為基礎，而這些資訊可能是指共同的規則或演算法等知識，當使用者了解其運作方式後，便可藉以推測出本次驗證所需的密碼。而採用動態密碼的優點，除了可以達成類似 "一次一密" 的安全性要求外，並可以防止因使用者將密碼寫下／記錄，而造成驗證資訊洩露的風險。

　　在此介紹一種結合動態與靜態密碼的驗證登入形式，假設在註冊階段，使用者需設定一組長度為 8 個字元的密碼，其中前四碼為須為數字而後四碼則不限制，並且規定從動態編碼表中之第二列字母進行視覺辨視，則其運作範例如下：

1.　設定使用者密碼為 "9213acde"。

2.　當使用者欲進行登入驗證時，系統隨機動態產生一組編碼表如圖 9-19。

3.　依預設之規則從編碼表第二列對應原先設定之密碼 "9213"，則產生一組新的編碼 "jewf "。（註：動態編碼表中之文字，每次產生的結果皆不相同。）

　　最後，輸入密碼 "jewfacde" 即可通過驗證。

	0	5	4	2	1	6	7	8	9	3
9	s	a	c	e	h	s	d	j	s	n
6	d	e	s	e	w	r	e	q	j	f
5	e	h	s	j	e	e	e	f	u	n
3	w	e	d	s	w	y	h	v	d	r
8	l	t	y	u	y	e	r	y	t	k
7	y	r	t	e	l	j	f	y	g	k
2	e	y	w	d	g	d	q	w	g	i
1	s	r	f	d	e	k	d	u	k	r
4	a	d	e	w	h	j	d	e	a	t
0	q	h	u	u	g	e	k	g	r	u

圖 9-19　動態編碼表

9.3.4　QR Code

　　QR code（Quick Response；快速回應）是近年來被廣泛的應用在資訊辨識的服務上，例如：產品辨識，數位典藏，Google Map 等；此項技術透過國際標準組織 ISO 的規範，產生一個毫無意義的圖形，如圖 9-20 所示，並透過利用 QR code 解碼軟體來判斷其機密訊息。就其基本原理，產生一張無法利用視覺就可立即辨視出機密訊息，可說是廣義視覺安全的應用。

　　QR code 可對各種資料，諸如：文、數字、網頁連結、簡單影像等，進行編碼，若欲被編碼的資料量越大則所產生的 QR code 圖案會越大越複雜。而 QR code 主要有幾項重要組成要素，如圖 9-20 所示。定位用圖案可幫助解碼軟體定用的圖案，使其無須對準條碼，即可以任何角度對條碼進行掃描；在定位圖案範圍內之圖形為主要的資料儲存區；而條碼中的黑點及白點即為主要的組成單元，依一定的排列規則將資訊轉換成條碼。二維條碼因為資訊容量大，所以可直接在條碼中表示想表達的資訊，可不必如同一維條碼般利用資料庫進行搜尋。在某些情況下，條碼中的資訊僅是文字上的資料，不必與網路連結也可以解譯出該條碼的內容。

　　QR code 的解碼非常的簡單，只要透過 QR 編碼軟體或是手機即可將無法從人眼立即辨識出的資訊，即可立即轉換成訊息，其 QR code 之編碼與解碼之概念圖如圖 9-21 所示。

定位用圖案

資料儲存區

組成單元

圖 9-20　QR Code 的組成元件

圖 9-21　QR Code 的編碼與解碼

9.4 結語

　　在本章中，我們介紹了影像處理裡視覺系統安全的多項技術及相關應用。並透過範例的介紹使得讀者了解視覺安全的技術。進而從相關視覺安全的應用可發現，透過視覺安全的原理來達成相關身分認證的機制。相較目前一般以生物特徵（如：指紋、虹膜）、記憶帳密等方式，可以達到降低裝置成本及運算負擔等優點，並具有高安全性，同時亦較符合生物本能對於視覺系統具有較強的記憶能力。對於未來網路各項攻擊技術不斷更新，視覺安全的概念提供另一項在影像處理應用領域值得探討與發展的技術。

問題與討論

1. 說明何謂視覺系統安全。

2. 說明如何在各種影像類型應用視覺安全機制。

3. 說明如何建立 (3,6)- Threshold 的視覺安全機制。

4. 除了本章介紹的 Floyd-Steinberg Error Filter 誤差擴散法外，說明其他的半色調技術與優缺點。

5. 視覺系統安全之應用除了本章所提的三項技術外，說明其他的應用類型，且與傳統的安全技術比較，說明不同處。

影像偽裝技術 – 有損式

導讀 >

資料嵌入是將重要特殊資料內建在感官觸媒中，使得人類的感官系統無法直接的察覺到內建資料的存在，進而可以確保觸媒內的資料安全。目前資料嵌入技術的研究日新月異，本章的目的主要在於瞭解資料嵌入的技巧，藉由對於不同資料格式與技術的發展，探討資料嵌入的影像處理與對原始影像 / 掩體的影響。

◀ 前言 ▶

影像處理之資料內嵌是近幾年相當熱門的影像處理應用議題。目前依不同的資料格式型式產生了許多不同的方法，諸如：空間域、頻率域與壓縮域。當強調內嵌資料的強韌性，不能輕易被移除通常會運用頻率域的方法來發展包裝技術。相對的，如果要強調在網路上能快速的傳送，一般而言，會運用壓縮的方法來因應需求。以下我們將先探討在不同頻域下應該如何操作與實現各式應用。最後，再以實驗結果的輔助讓讀者瞭解各所得到的實質效益與應用價值。

10.1 空間域方法

　　空間域是一個最簡單也是目前最常用的基礎技術。它的概念將一張圖形當作是一個二維空間，而在這個空間內充滿了許多不同的單位，在這裡的單位指的是像素。通常像素會依不同的數值大小而呈現出不同的顏色，如圖 10-1。以下我們將介紹幾種利用空間域的方式來實現影像資料內嵌。

圖 10-1 影像與像素概念

10.1.1 最不重要位元嵌入法（Least Substitution Bit; LSB）

　　說到空間域的技術，最基礎且最常見的技術就是「最不重要位元嵌入法」，簡稱為 LSB（Least Significant Bit）。這個方法就是利用人類視覺對影像的輕微調整不敏感的特性，透過修改影像像素（Pixel）的位元組中最後的幾個位元（k-bits）來達到嵌入資料的目的。例如一灰階影像圖中的像素值為 163，其二進位可表示為：

$$\underline{1010}\underline{0011}$$

　　其中 1010 就是最重要的位元資料（Most Significant Bit, MSB），0011 則就是較不重要的位元資料（Least Significant Bit, LSB）。由於在影像處理中，若是改變 MSB 的話，人眼會比較容易察覺出差異；相對地，若改變是發生在 LSB 的話，人眼就比較察覺不出其差異。而要如何將機密資訊藏入呢？其實可以依

使用者的需求做不同的選擇。最容易實作的方法就是將影像像素中的 LSB 的部份，全部由所要嵌入的二進位資料取代，即可達到嵌入的目的了。

範例 01

假設有一個二進位的資料為 1010 0011，則經使用 4-bit 最不重要位元嵌入法後所獲得的新像素值為 170，其二進位可表示為：

$$\textbf{1010}\boxed{\textbf{1010}}$$

在圖 10-2 中，Baboon 圖就嵌入了大約 103Kb 左右的 ipscan.zip 壓縮檔，在圖檔大小一樣的情形下，您用肉眼分辨出來這兩張圖的差異嗎？

 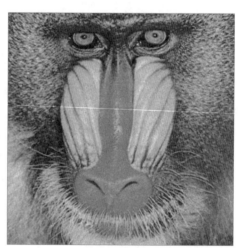

(a) 嵌入前　　　　　　　　　　　　　(b) 嵌入後

圖 10-2 Baboon 的資料嵌入前後影像品質

在表 10-1 中，我們列出了不同位元取代後的結果，從表 10-1 中可以看出，當嵌入的位元愈多時，則影像品質（PSNR）會變差。舉例來說，原始像素值的最後三個位元為 000，我們嵌入三個位元 111，由原始像素值的最後三個位元為 000 直接更改為 111，因此，二個像素的 MSE（Mean Square

Error）為 49(= $(7-0)^2$)。又傳統 LSB 嵌入法，由於其方法為直接用資料取代之，這個過程讓原始影像產生不協調的現象，亦即會產生一些痕跡，如圖 10-3 所示。圖 10-3 右圖為四個最不重要位元嵌入法，從圖中可以看出嵌入後的平滑區（即肩膀）有不協調現象，因此，最不重要位元嵌入法不適於取代四個位元以上。

表 10-1　利用 LSB 位元嵌入法所實驗的結果（db）

	K = 1	K = 2	K = 3	K = 4
Lean	51.1489	44.1551	37.9166	31.8122
Tiffany	51.1423	44.1501	37.8938	31.9252
Baboon	51.1349	44.1532	37.9408	31.8861
Airplane	51.1417	44.1463	37.9197	31.8424

註：K 為使用了取代了 K 個最不重要的位元。

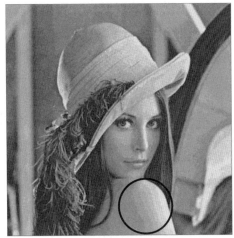

原圖　　　　　　　　　　　　　　4-bits LSB

圖 10-3　原圖與利用 4-bits LSB 嵌入的新圖

10.1.2 最佳位元調整策略法（Optimal Pixels Adjustment Policy; OPAP）

有鑑於最不重要位元在影像品質及影像顯示上，皆有不佳的效果，最佳位元調整策略（又稱 OPAP）的方法就是在解決最不重要位元嵌入法的影像品質。OPAP 的方法就是將採用最不重要位元嵌入法後進行 2^k 調整。並且從三個情形中選擇最佳的影像品質，其選擇說明如下：

假設有一像素值為 P，使用 k-bit LSB 的方法，並獲得偽裝像素值 P'。另外若像素調整後的值為 $P'_a = P' + 2^k$ 與 $P'_s = P' - 2^k$。OPAP 的選擇規則從 P'_a、P'_s 與 P' 中挑選最佳的：

條件 1：$|P'_a - P|$ 為最小。

條件 2：$|P'_s - P|$ 為最小。

條件 3：$|P' - P|$ 為最小。

範例 **02**

假設灰階影像中的像素值為 160，其二進位可表示為：

$$P = 10100\underline{000}$$

假若有一個二進位的機密訊息為 1111，則經使用 4 bits 最不重要位元嵌入法後所獲得的新像素值為 175，其二進位可表示為：

$$P' = \underline{1010}\underline{1111}$$

↓（調整）

$$P'_a = \underline{1011}\underline{1111} \ (+2^4) \ 191$$

$$P'_s = \underline{1001}\,\underline{1111}\ (-2^4)\ 159$$

則

條件 1：$|P'_a - P| = |191 - 160| = 31$。

條件 2：$|P'_s - P| = |159 - 160| = 1$。

條件 3：$|P' - P| = |175 - 160| = 15$。

　則 OPAP 的方法會選擇條件 2 的 P'_s 當作新的像素值。從上述的例子中，可以明瞭倘若選擇最不重要位元嵌入法後，所獲得的前後像素差異值為 15（如條件 3 所示）；而如果使用 OPAP 方法，則獲得的前後像素差異值為 1（如條件 2 所示），原本影像品質的損壞值從 15 減少為 1，因此，有效的提升新影像的品質。表 10-2 也呈現出 OPAP 策略在不同位元嵌入法下所得到的實驗結果。從表 10-1 與表 10-2 中，OPAP 方法大大的改善了影像品質，除此之外，它也改善了影像產生不協調的現象，如圖 10-4 所示，嵌入後的平滑區的痕跡已消失了。

表 10-2　利用 OPAP 位元嵌入法所實驗的結果

	K = 1	K = 2	K = 3	K = 4
Lean	51.1489	46.3823	40.7053	34.8145
Tiffany	51.1423	46.3604	40.7331	34.8246
Baboon	51.1349	46.3741	40.7281	34.7549
Airplane	51.1417	46.3718	40.7361	34.7805

註：K 為使用了取代了 K 個最不重要的位元。

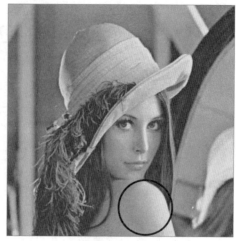

原圖   4-bits LSB

圖 10-4   原圖與利用 4-bit LSB 嵌入後的載體圖

10.1.3   像素差異值法（Pixel Value Differencing; PVD）

　　像素值差異法也是屬於另一種空間域的資料嵌入技術，其方法主要是利用量化表來決定要有多少個位元資料可以被嵌入，其中量化表的劃分方式有很多種情況，圖 10-5 只是其中之一種方式。在圖 10-5 的量化表中，R_1 表示一個量化的區間，其範圍為 [0, 7]，所以，區間範圍即為 8。像素值差異法由 Wu 與 Tsai 所提出，這個方法的概念是將一張影像中的所有像素切割成兩兩為一組，並且藉由每一組的像素差異值來決定此像素可以承載最大位元的改變量。

範例 **03**

　　假設有二個像素值 X 與 Y，其像素值為 100 與 117，若欲嵌入資料為 101111000。首先計算二個像素的差異值 $D = |100 - 117| = 17$，接著，利用像素差異值 D 到量化表中，找出此一差異值 D 所屬於（落於）的區間，然

後，再依據區間範圍的大小來決定承載多少位元，而 $D = 17$ 剛好落於 $[8,23]$ 區間，因此，這二個像素最大可承載「四」個位元（$\lceil log_2 = |23 - 8| \rceil = 4$）。從嵌入資料中取出四個位元並轉成十進制的數值為 $11 = (1011)_2$。接著再將此區間的最小值與資料轉換後的十進制數值相加，成為一個新的像素差異值 $D' = 11 + 8 = 19$，再將 D 與 D' 的差異平均分配給二個像素值 X 與 Y，而形成新的像素值 X' 與 Y'，其計算式如下：

$$X' = X - \left\lfloor \frac{D' - D}{2} \right\rfloor = 100 - \left\lfloor \frac{19 - 17}{2} \right\rfloor = 99 \text{ 與}$$

$$Y' = Y + \left\lfloor \frac{D' - D}{2} \right\rfloor = 117 + \left\lfloor \frac{19 - 17}{2} \right\rfloor = 118 \text{ 。}$$

其中，像素值差異法之資訊嵌入示意圖，如圖 10-6 所示。

從上述的例子中，像素的位元承載量決定於量化表區間範圍的設計，因此，在不同的量化表中，會獲得不同的嵌入效果。如果，將量化表的區間範圍距離加大，則會獲得較多的資訊承載位元，但是也會造成影像品質不佳的效果。相對的，將量化表的區間範圍距離變小了，則會產生較少的資訊承載位元，但是會讓影像品質變的更好。有鑑於此，為了達到理論與實務相符，我們引用了二個不同量化表的區間範圍情況，如表 10-3 所示，依據實驗結果的數據，恰巧與上述的情況相符。

R_1	R_2	R_3	R_4	R_5	R_6
[0, 7]	[8, 15]	[16, 31]	[32, 63]	[64, 127]	[128, 255]

圖 10-5　量化表之示意圖

圖 10-6　像素值差異法之範例示意圖

表 10-3　像素差異法的實驗結果

	量化表的區間範圍：8, 8, 16, 32, 64, 128		量化表的區間範圍：16, 16, 32, 64, 128	
	Capacity	PSNR	Capacity	PSNR
Lean	406,632	41.71	527,292	38.95
Tiffany	403,764	41.47	526,706	38.53
Baboon	437,806	39.14	535,046	37.23
Sailboat	415,554	37.36	529,429	37.59

10.2 壓縮域方法

　　說到壓縮域的技術，最直覺的方式為 –VQ 壓縮編碼（VQ Coding）。VQ 壓縮編碼是利用人類視覺系統在可以接受容忍的範圍內，將影像進行失真壓縮的動作，提高壓縮率。其作法是將影像切割成 $m \times n$ 大小的區

塊，到編碼簿中找尋最相近的編碼字（Codeword），其中每一個編碼字中有 $m \times n$ 的向量，亦可稱 $m \times n$ 的像素值，最後再輸出編碼簿中編碼字的索引值（index）。而在 VQ 壓縮編碼技術中，其編碼後的輸出方式分二種：一為編碼後產生影像；另一種為編碼後產生字串（Code Stream）。由於影像編碼後產生 codestream 的方式，並不符合資料嵌入的基本定義：不可察覺性（Imperceptibility），所以我們不著重在這方面進行探討。以下，我們將介紹輸出以圖型為導向之向量量化資料嵌入技術。

在向量量化壓縮編碼技術中，最基本所使用的技術為編碼簿，將編碼簿內中的碼（Codeword）分群，並依照欲嵌入的資料量來決定所輸出的編碼索引值。最後，將索引值內的碼視為像素值並且輸出其數值。一般而言，向量量化編碼主要分成編碼簿設計、向量量化編碼和 VQ 嵌入三部分。而編碼簿設計、向量量化編碼這兩部份已在第四章節壓縮域中已有詳細的介紹了，因此不在此多加陳述。在此一部份，偏重於 VQ 嵌入，即如何將已產生的向量量化後的編碼進行資訊隱藏技術。

在 VQ 嵌入的技術中，本節將介紹由 Lu 和 Sun 等人在 2000 年所發展的技術。他們的方法是將向量量化後的編碼索引值執行分群的動作，將一本編碼簿大小為 512 分成二群 (G_1, G_2)，每一群總共有 256 個 $(=512/2)$ 編碼字索引值，其分群方式如圖 10-7 所示，每群中編碼字的距離都非常接近。

範例 04

在圖 10-7 中的 G_1 群中的編碼字索引值 44 與 G_2 群中的編碼字索引值 43 其編碼字的歐基里德距離是最接近的。當影像在進行 VQ 編碼時，會在這些群中找尋最接近的編碼字，此時，根據機密訊息來決定在執行 VQ 編碼應該到那群中找尋最接近的編碼字。接著，倘若嵌入位元為 0，則在 G_1 群中尋找最接的編碼字，並輸出索引值。相對的，若嵌入位元為 1，則在 G_2 群中尋找

最接近的編碼字,並輸出索引值。在解碼取出資料時,只要在執行 VQ 解碼時,知道像素索引值屬於何群,就可解出原始資料。

圖 10-7　編碼簿的分群方式

10.3 頻率域方法

　　有別於直接將資料與像素值做結合的技術(亦稱空間域),頻率域的技術就是將原始的像素值透過某個函數的轉換,之後再將資料嵌入至轉換後的係數上,再執行反向函數的轉換,即為此技術的重點。其中,函數的轉換又可區分為離散餘弦函數(DCT)、離散小波轉換(DWT)與離散傅利葉函數(DFT)。以下我們將說明如何在離散餘弦函數(DCT)和離散小波轉換(DWT)的轉換係數上實現資料嵌入的目的。

10.3.1　離散餘弦偽裝技術（DCT）

　　一張影像經過離散餘弦轉換後，會得到轉換後的高頻、中頻、和低頻係數（其頻率的轉換技術已於第三章頻率域中有詳細的介紹）。如果，有一張影像遭受小幅度修改後，再將此修改影像經過離散餘弦轉換後，此時，我們會發現修改前與修改後離散餘弦的低頻與中頻係數被改變的幅度很小；相對的，離散餘弦的高頻係數則變化很大。因此，我們可知當資料嵌入至低頻與中頻係數的區域中，可使資料較具有強韌性而不輕易被發現。以下我們將介紹如何在離散餘弦函數嵌入資料。

　　首先，我們將一張影像切割成 $m \times m$ 大小的區塊，將每一個區塊執行離散餘弦的轉換後其結果，稱為離散係數區塊。再從離散係數區塊的係數中選取出中頻係數值，組成一個操作區塊。圖 10-8 顯示為一個 8×8 的離散係數區塊，並從離散係數區塊中依序的取出中頻係數值。

(a)　　　　　　　　　　　　　　　　(b)

圖 10-8　離散餘弦轉換中頻係數的取出

　　再者，將所要嵌入的資料組成一個與中頻係數大小相同的機密區塊，並且將機密區塊的資訊嵌入至操作區塊與對應區塊之間的相對應係數中，而在嵌入的過程中，其區塊中相對應的係數應符合下列的條件：

條件 1：當機密區塊中的數值為「0」時，則操作區塊的係數 – 前鄰區塊的
　　　　係數 ≤ 0。

條件 2：當機密區塊中的數值為「1」時，則操作區塊的係數 – 前鄰區塊的
　　　　係數 > 0。

　　當全部操作區塊皆處理完畢後，將所獲得修改後的操作區塊回復至原係
數區塊的係數值，之後，再執行反離散餘弦計算，即可獲得嵌入後的新像
素值。

範例 **05**

　　假設有一個區塊經過離散餘弦轉換後，其係數如圖 10-8(a) 所示。然後，
從離散餘弦的係數中取出中頻係數，當作一個操作區塊的係數，如圖 10-8(b)
所示。又已知一個資料區塊與前鄰區塊的內容如圖 10-9(a) 所示。當要嵌入
資料位元「0」，首先，找出操作區塊與前鄰區之對應係數為 14 與 14。因資
料位元為「0」，則須滿足操作區塊的係數 – 前鄰區塊的係數 ≤ 0 之條件 1。
在此範例中，則滿足條件 1（因為 14－14＝0），因此這個係數不需修改。繼
續執行第二位元嵌入步驟，當嵌入機密訊息為「0」，且操作區塊與前鄰區之
對應係數為 17 與 15。因資料的嵌入須滿足條件 1，在本範例中，則為不滿
足條件 1（因為 17－15＞0），因此這個係數則須改為 15(15－15＝0)。然後，
執行第三位元嵌入步驟，當嵌入資料位元為「1」，且操作區塊與前鄰區之對
應係數為 25 與 27。又因位元為「1」，則須滿足操作區塊的係數 – 前鄰區塊
的係數 ＞ 0 之條件 2，在本範例中，則不滿足條件 2（因為 25－27＜0），因此
這個係數則需修改為 28(28－27＞0)。依此類推，將所有的資料區塊嵌入完成
後，即完成了資料的嵌入步驟，結果如圖 10-9(b) 所示，其中圖 10-9(b) 灰色
陰影表示係數已經修改過了。最後，再執行反離散餘弦計算，即可獲得幾乎
一樣的影像。

　　資料取出的過程與嵌入過程相類似。在執行萃取的過程中所使用的區塊以偽裝後的圖形先執行離散餘弦計算後所獲得的。之後，再依據嵌入訊息過程所使用的條件 1 和條件 2 來決定機密訊息為何。

範例 06

　　經過離散餘弦轉換後，即可得到前鄰區塊（如圖 10-9(a) 所示）與操作區塊（如圖 10-9(b) 所示）。首先，找出第一個操作區塊與前鄰區之對應係數為 14 與 14，因滿足條件 1 之限制，即操作區塊的係數 – 前鄰區塊的係數 ≤ 0，則可以得知機密訊息為「0」。繼續執行第二個操作區塊與前鄰區之對應係數之比較，因操作區塊與前鄰區之對應係數為 15 與 15，則滿足條件 1 之限制，因此，可以得知機密訊息為「0」。接著，執行第三個區塊係數之比較，因操作區塊與前鄰區之對應係數為 28 與 27，則滿足條件 2 之限制，因此，可以得知機密訊息為「1」。依此類推，比較完所有操作區塊與前鄰區之對應係數後，即可獲得全部的機密訊息。

圖 10-9　將資料嵌入至中頻係數之示意圖

10.3.2 離散小波偽裝技術（DWT）

在離散小波轉換的原理是利用不同的濾波器來將空間域的訊號轉換成為頻率域的訊號，其中濾波器包括 Haar Wavelet、Daubechies 與 Gaussian 等。Harr 離散小波轉換技術是最簡單也是最快速的方法，其方法是在數位影像中，將影像轉成各個區塊（或頻帶）表示不同頻率。其中影像中最重要的部份為 L 這個區塊（亦稱低頻帶），較不重要的部份為 H 這個區塊（亦稱高頻帶）。而 Harr 小波技術又可將 L 區塊（低頻帶）再經第二階段或第三階段轉換劃分成較低頻和較高頻的區塊。就 Haar 轉換可分為水平轉換與垂直轉換，如圖 10-10 所示。

圖 10-10　Haar 小波轉換技術

一張數位影像經過 Haar 二階轉換後可得到四個區塊（頻帶），包括：LL（亦稱低低頻帶）、LH（亦稱低高頻帶）、HL（亦稱高低頻帶）和 HH（亦稱高高頻帶）。其中，LL 區塊是較重要的區塊，如圖 10-11 所示。如果將資料嵌入至較重要的區塊中，則內建資料較具有強韌性。以下我們將介紹將資料嵌入至 Haar 小波係數中之技術。

首先，我們先將一張影像利用 Haar 的二階小波轉換方法，將空間域的資訊轉變成了頻率域的資訊。其次選擇二個門檻值 TH_1 和 TH_2，而 TH_2 必須大於 TH_1，且 TH_1 必須大於 $\alpha \times FC_{max}$，其 α 是一個常數，FC_{max} 是指小波轉換

係數中最大的係數。從整個小波係數 FC_i 中搜尋某些重要的係數 IC_i，其中重要係數 IC_i 的絕對值必須小於 TH_2 且大於 TH_1，即 $TH_2 > |IC_i| > TH_1$。

　　將資料嵌入至重要係數 IC_i 中，而在嵌入的過程中，其重要係數與資料位元之間的關係應符合下列的條件：

條件 1：當 IC_i 係數大於 0 且資料位元等於「1」時，則 IC_i 的係數值設定為 TH_2。

條件 2：當 IC_i 係數大於 0 且資料位元等於「0」時，則 IC_i 的係數值設定為 TH_1。

條件 3：當 IC_i 係數小於 0 且資料位元等於「1」時，則 IC_i 的係數值設定為 $-TH_2$。

條件 4：當 IC_i 係數小於 0 且資料位元等於「0」時，則 IC_i 的係數值設定為 $-TH_1$。

　　當全部重要係數 IC_i 皆處理完畢後，將所獲得修改後的重要係數 IC_i 回復至原小波係數中 FC_i 之後，再執行反 Haar 小波計算，即可獲得偽裝後的像素值。

原圖　　　　　　　　一階小波轉換　　　　　　　二階小波轉換

圖 10-11　離散小波轉換技術

範例 07

　　假設 $\alpha = 1$ 與二個門檻值 $TH_1 = 20$ 和 $TH_2 = 50$，且機密訊息為「10011」。有一個區塊經過離散小波轉換後，其小波係數如圖 10-12 所示。從小波係數中搜尋出重要係數 IC_i 的絕對值小於 TH_2 且大於 TH_1，即 $50 > |IC_i| > 20$，其搜尋方式是從低頻到高頻的方向尋找，如圖 10-13，顯示三階 Haar 離散小波的示意圖，其尋找方式是從 LL3 區塊→ HL3 區塊→ LH3 區塊→ HH3 區塊→→ HL2 區塊→ LH2 區塊→ HH2 區塊，結果總共有 5 個重要係數 IC_i（$i = 1$ 至 5），依序為 -34、-31、23、49、和 47，如圖 10-14 之灰色背景所示。

	0	1	2	3	4	5	6	7
0	63	-34	49	10	7	13	-12	-7
1	-31	23	14	-13	3	4	6	1
2	15	14	3	12	5	-7	3	9
3	-9	-7	-14	8	4	-2	3	2
4	-5	9	-1	47	4	6	-2	2
5	3	0	-3	-2	3	-2	0	4
6	2	-3	6	-4	3	6	3	6
7	5	11	5	6	0	3	-4	4

圖 10-12　影像經由離散小波轉換後之係數

圖 10-13　三階 *Haar* 離散小波轉換的示意圖

圖 10-14　搜尋重要係數 IC_i 之結果

　　讀取資料位元並嵌入至 5 個重要係數 IC_i。當機密訊息「1」與 $IC_1 = -34$ 時，依據條件 3，須將 IC_1 調整為 -50。當機密訊息「0」與 $IC_2 = -31$ 時，依據條件 4，須將 IC_2 調整為 -20。當位元「0」與 $IC_3 = 23$ 時，依據條件 2，須將 IC_3 調整為 20。當機密訊息「1」與 $IC_4 = 49$ 時，依據條件 1，須將 IC_4

調整為 50。當位元「1」與 $IC_5 = 47$ 時，依據條件 1，須將 IC_5 調整為 50。將所有的重要係數 IC_i 的資訊都嵌入完成後，即完成了資料位元的嵌入步驟，結果如圖 10-15 所示，其中 14 灰色陰影表示係數已經修改過。最後，再執行反離散小波計算，即可獲得偽裝後的像素值。

取出資料位元的過程，必須知道二個門檻值 $TH_1 = 20$ 和 $TH_2 = 50$，然後尋找 5 個重要係數 IC_i，其中掃瞄方式與資訊嵌入過程一樣，因此，我們依序可以獲得係數為 -50、-20、20、50、50。接著，再依照嵌入過程中的四個條件來判斷資料位元的數值。第一個係數為 -50，則符合了條件 3，因此可以得知位元「1」。接著，第二個係數為 -20，則符合了條件 4，因此可以得知位元「0」。第三個係數為 20，則符合了條件 2，因此可以得知位元「0」。第四個係數為 50，則符合了條件 3，因此可以得知位元「1」。第五個係數為 50，則符合了條件 3，因此可以得知位元「1」。

	0	1	2	3	4	5	6	7
0	63	-50	50	10	7	13	-12	-7
1	-20	20	14	-13	3	4	6	1
2	15	14	3	12	5	-7	3	9
3	-9	-7	-14	8	4	-2	3	2
4	-5	9	-1	50	4	6	-2	2
5	3	0	-3	-2	3	-2	0	4
6	2	-3	6	-4	3	6	3	6
7	5	11	5	6	0	3	-4	4

圖 10-15 嵌入機密訊息後之離散小波係數

　　頻率域的嵌入方式其優點為強韌性，而所謂「強韌性」是指影像圖雖經由影像處理工具，例如：裁剪、壓縮、銳利化、模糊化…等處理，仍然可以完整的萃取出較完整的資料內含值。因此，頻率域的技術通常被應用在發展具強韌性的影像浮水印處理需求。

10.4 結語

　　資訊嵌入技術的主要目是強化資訊安全，目前已有許多新穎的嵌入技術一直持續被發展出。然而這些新穎的技術大都是從最基本的技術所改良或研發而成的，因此，我們建議讀者在了解新的技術時，應該先從最簡單與最基本的技術為出發點，從瞭解基本的技術後，進而再去深入了解新的嵌入技術。在本章中，我們介紹了不同資料格式之最基本的資訊嵌入技術，諸如：空間域、頻率域、與壓縮域，並且利引用範例的方式，讓讀者可以更清楚的了解資訊嵌入技術的操作。最後，我們再以實驗的模擬結果來呼應不同資料格式在影像處理應用之資訊嵌入技術的效能。

問題與討論

1. 說明資料嵌入技術所使用的資料格式種類。

2. 空間域除了最不重要嵌入位元法有那些優點與缺點。

3. 說明有那些以空間域為基礎的資料嵌入技術。

4. 說明除了利用 LBG 法產生向量量化編碼簿之外，產生新的編碼簿方式。

5. 說明有那些以頻率域為基礎的資料嵌入技術。

6. 說明有那些利用壓縮域所呈現的嵌入結果方式。

影像偽裝技術 - 無損式

導讀 >

隨著多媒體與影像處理的應用的逐漸普遍，某些應用要求影像內容在資料嵌入前與取出後都要維持相同的品質。因此，影像復原（可逆式影像不失真復原）技術就格外的重要。從定義上來說，可逆式資料嵌入技術就是除了資料可以完整的取出外，還須要將原始影像的內容還原至最初未有資料的狀態。本章的目的從不同資料格式，探討影像處理不失真復原，讓讀者了解這些技術的基本知識。

◀ 前言 ▶

　　不失真影像還原機制（即可逆式資料嵌入、可回復式資料嵌入）技術的發展為最近熱門的議題。資料嵌入技術一般使用空間域、頻率域與壓縮域來實現資料嵌入目的。而可逆式資料嵌入技術也可採用這些不同的資料格式來實現之。可逆式資料嵌入技術自 2000 年至今已有二十餘年，在這期間有許多技術也陸續被發展出。在此章節中，我們將探討在不同領域下如何實現可回復式資料嵌入技術，再以呈現實驗結果來輔助讀者瞭解不同的技術所呈現的效益。

11.1 空間域方法

　　空間域的技術就是對一張圖形中的每一個像素值直接處理。一般而言，在空間域上發展可回復式資訊隱藏技術大致上分為二種方法，第一種為統計直方圖（Histogram）隱藏技術；另一種則為差異值擴展法。以下我們將分別介紹這二種方法：

11.1.1　統計直方圖位移法（**Histogram-Based**）

　　統計直方圖顧名思義就是將影像中的每個像素值利用統計的方式，將統計後的結果以直方圖呈現。最後，再將資訊隱藏至直方圖（Histogram）中。最早有利用統計直方圖的方法實現可回復式原始影像的隱藏技術是由 Ni 等人在 2006 年所提出，其概念為修改像素直方圖中的數值。他們的方法，首先統計與分析圖形中所有像素值的分佈情形，並計算每個像素值的出現次數與繪製出一張像素值的統計直方圖。接著，再從統計直方圖中找出數量最多的像素點，稱為峰值點（Peak Point; P），與出現次數為零的像素點，稱為零值點（Zero Point; Z），如圖 11-1 所示。註：因為每張圖形的像素值分散情形會依照圖形內容的特性有所不同，不一定所有的圖形都會有零值點，所以，可以找一個出現次數「最少像素點」當零值點；然而，為了要能完整的區分出零值點的像素值是屬於原來的零值點的像素值還是像素值經過移動後變成零值點像素值，因此，須用額外的訊息來標示（區分）之。

圖 11-1　以 Lena 為圖形之像素點分佈情形

　　其次就將影像中所有像素值介於峰值點與零值點，即 [P+1, Z−1] 全部向右移位 1 個單位（若 P 大於 Z，則 [Z+1, P−1] 向左移位 1 個單位）（此目的就是要讓峰值點的鄰近一個單位的像素點呈現空（Empty）的狀態），圖 11-2 則為右移 1 單位。從圖 11-2 中，可以清楚的看出，峰值點的右邊 1 個單位為空的，即 P+1 像素點。因此，利用這個特性將機密訊息隱藏至峰值點，他們的方法就是所有像素值等於峰值點的數值時，依照下列的條件嵌入機密訊息：

> 條件 1：當機密訊息為「0」，則像素值不變。
>
> 條件 2：當機密訊息為「1」，則像素值向左或向右移位 1 個單位。

　　當所有的像素值處理完畢後，即完成了機密訊息隱藏的步驟。在解碼與還原的過程，除了在解碼過程中須知道峰值點與零值點之外，其餘的步驟與機密訊息隱藏很類似。

圖 11-2　位移 1 個單位後像素點分佈情形

範例 **01**

　　假設有一個掩護影像圖如圖 11-3 所示,且嵌入資料為「1010111」。首先,利用分析與統計像素值的分佈情形,並以直方圖的方式呈現,如圖 11-4 所示。在圖 11-4 中,出現最高的高度為 7,其峰值點為 3 與零值點為 6。其次是將所有的像素值介於 [4, 5] 區間內向右移 1 個單位,其結果如圖 11-5 所示。位移後像素值的分佈情形如圖 11-6 所示。最後將所有的資料嵌入到像素值等於峰值點 3 的像素。「1010111」的位元串中,第一個位元為「1」,嵌入至第一個為 3 的像素值中。因為位元為 1,則從條件 2 知道,第一個為 3 的像素值須向右移 1 個單位,即像素值由 3 修改成 4。而第二個位元為「0」,嵌入到第二個為 3 的像素值中。又因為位元為 0,則從條件 1 知道,像素值保持不變。第三個位元為「1」,嵌入到第三個為 3 的像素值中。因為位元為 1,則從條件 2 知道,第三個為 3 的像素值須向右移 1 個單位,即像素值由 3 修改成 4。依此方式類推,將第 i 個位元,嵌入至第 i 個峰值點像素值,之後再判斷位元為 0 或 1,以決定像素值是向右 / 向左移動還是保持不變。將所有的位元皆完全嵌入後,即表示完成資料的嵌入程序,經調整後的像素值與直方圖分佈情況,如圖 11-7 與圖 11-8 所示。

1	3	2	4	5
2	1	3	5	2
4	3	3	1	5
4	2	1	3	3
2	1	3	2	1

圖 11-3　原始影像

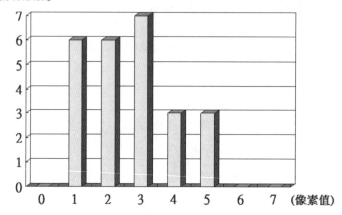

圖 11-4　原始影像的直方圖

1	3	2	5	6
2	1	3	6	2
5	3	3	1	6
5	2	1	3	3
2	1	3	2	1

圖 11-5　位移後之影像像素值

(像素個數)

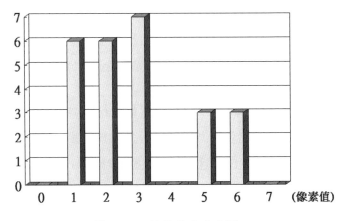

圖 11-6　位移後之直方圖

1	4	2	5	6
2	1	3	6	2
5	4	3	1	6
5	2	1	4	4
2	1	4	2	1

圖 11-7　嵌入後影像的像素值

(像素個數)

圖 11-8　之直方圖分佈

在解碼與還原原始影像的過程中,我們須知道峰值點和零值點的資訊。承上例,將新的嵌入後影像利用分析與統計像素值的分佈情形,並以直方圖的方式呈現,如圖 11-8 所示。已知峰值點為 3 與零值點為 6。首先,依序掃瞄所有的像素值,並依照下列的條件進行解碼與還原像素值:

條件 1: 像素值為 3 或像素值為 4,則進行資料取出與像素值還原。當像素值為 3 則取出位元為「0」,且像素值不須更動;當像素值為 4 則取出位元為「1」,且像素值更動為峰值點 3。

條件 2: 像素值落於 [5, 6] 區間內,則進行像素值還原動作,將像素值向左或向右移動,其中移動的方向與資料嵌入時呈反方向。以此例子而言,因為在資料嵌入為向右移,即像素值增加 1 單位;在解碼階段,則需向左移,即像素值減少 1 單位,即將像素值落於 [5, 6] 區間的所有像素減少 1 單位。

條件 3: 像素值不屬於條件 1 和條件 2 時,代表像素值沒有變動過,所以,不須處理。

表 11-1 列出不同的影像利用 Ni 等人的方法,其偽裝後的影像品質與資料負載度。從表 11-1 中,可以清楚的看出其資料負載度皆不大,其主要的原因是 Ni 等人是將資料嵌入至峰值點中,因負載度的大小會被峰值點的高度所侷限住。如果要能提昇資料負載度,就必須打破峰值點的侷限或是儘可能的增加峰值的點的高度。當然,在後續學者的研究中,皆發現這個關鍵因素,進而進行改進來提昇資料負載量度。

表 11-1 Ni 等人的實驗結果

原始影像	影像品質(PSNR)	資料負載度(bpp)
Lena	48.2	0.022
Tiffany	48.2	0.034
Airplane	48.7	0.229
Baboon	48.2	0.021

11.1.2 差異擴展法（**Difference Expansion; DE**）

另一種在空間域上發展可回復式無失真影像還原技術為差異擴展法。差異擴展的概念將二個像素的差異值擴展後再加入機密訊息，此方法是由 Tina 於 2003 年所提出。差異擴展法能夠嵌入大量資料，也用了門檻值 T 來控制影像的失真度。Tina 的方法為計算二個像素的差異值後，其差異值擴展 2 倍後再嵌入資料。這個方法是用二個像素值來嵌入一個資料位元。因此，其資料負載度為 0.5bpp（1 bit 的機密訊息嵌入至 2 個像素值，即 1/2 = 0.5）。但是，在某些情況下，需要再額外的記錄一些資訊做為還原原始像素使用，因此，真正的資料負載度會比 0.5bpp 還要較小。有鑑於資料負載度非常小，為了要增加資料負載度，可以對相同的影像進行多層（Multi-layer）的資料嵌入動作（即重覆的執行多次差異擴展演算法），相對的，若多層次嵌入資料時，也會造成爾後影像的品質愈來愈差（因差異擴展法會一直增加大像素值間的差異）。

Tina 的方法中，若嵌入訊息為 m，首先將二個相鄰的像素當做為一個像素群組（Pixel Group），並計算二個像素的差異值 d 和整數平均數 l。之後，依照下列的條件判斷像素群組是屬於那一種類：

> 條件 1：$|2 \times d + m| \leq \min(2 \times (255 - l), 2l + 1)$，，其中 $m \in [0, 1]$。
>
> 條件 2：$|2 \times \lfloor \dfrac{d}{2} \rfloor + m| \leq \min(2 \times (255 - l), 2l + 1)$，其中 $m \in [0, 1]$。

如果像素群組（Pixel Group）滿足條件 1，則稱為像素可擴展（Expandable）；如果像素群組（Pixel Group）滿足條件 2，則稱為像素可改變（Changeable）；如果像素群組（Pixel Group）皆不滿足條件 1 和條件 2，則稱為像素不可改變（Non-Changeable）。註：像素群組會先判定是否滿足條件 1；若不滿足條件 1 的規則，則再判定是否滿足條件 2 的規定，依此類推。換言之，每一個像素群組會找到一組對應的條件。

接著，再將資料嵌入「像素可擴展」與「像素可改變」群組中。又資料嵌入的方式就是將新差異值 d' 平均分給二個像素，其中就「像素可擴展」而言，新的差異值為二個像素的差異值 d 擴展二倍後的再加上所考慮的嵌入資料。因 Tina 為了提昇嵌入資料後的影像品質，利用了一個門檻值 T 來控制新的影像品質。

依照前面所描述的方式，這種嵌入訊息的方法還須要一個對照表（Location Map），這個對照表是用來記錄那些像素群組是否有嵌入資料的情況，如果像素群組是屬於可嵌入的，則記錄「0」；反之，像素群組是屬於不可嵌入的，則記錄「1」。最後，為了完全嵌入所有的資料，將對應照表壓縮後，連同資料一起依演算法嵌入至影像媒體中。

範例 02

有一像素群組 $(X, Y) = (20, 18)$，且欲嵌入機密訊息 $m = 1$。首先計算差異值 $d = |X - Y| = |20 - 18| = 2$ 和整數平均數 $l = \left\lfloor \dfrac{X + Y}{2} \right\rfloor = \left\lfloor \dfrac{20 + 18}{2} \right\rfloor = 19$。接著，計算嵌入訊息後新的差異值 $d' = 2 \times d + m = 2 \times 2 + 1 = 5$，並判定此像素群組為像素可擴展（$|2 \times 2 + 1| \leq \min(2 \times (255 - 19), 2 \times 19 + 1) = 5 \leq \min(472, 39)$）。最後載體影像像素值 $X' = l + \left\lfloor \dfrac{d' + 1}{2} \right\rfloor = 19 + \left\lfloor \dfrac{5 + 1}{2} \right\rfloor = 22$ 和 $Y' = l - \left\lfloor \dfrac{d'}{2} \right\rfloor = 19 - \left\lfloor \dfrac{5}{2} \right\rfloor = 17$。

至於如何取出訊息與還原像素值，首先，計算像素群組的差異值 $d' = |X' - Y'| = |22 - 17| = 5$ 和整數平均數 $l = \left\lfloor \dfrac{X' + Y'}{2} \right\rfloor = \left\lfloor \dfrac{22 + 17}{2} \right\rfloor = 19$。接著，計算出資料位元 $m = d' \bmod 2 = 5 \bmod 2 = 1$ 和原始差異值 $d = \left\lfloor \dfrac{d'}{2} \right\rfloor = \left\lfloor \dfrac{5}{2} \right\rfloor = 2$，最後再還回像素為原始像素值 $X = l + \left\lfloor \dfrac{d + 1}{2} \right\rfloor = 19 + \left\lfloor \dfrac{2 + 1}{2} \right\rfloor = 20$ 和 $Y = l - \left\lfloor \dfrac{d}{2} \right\rfloor = 19 - \left\lfloor \dfrac{2}{2} \right\rfloor = 18$。

從上述的例子中，像素的位元負載量只有 0.5 bpp，但實際的負載量 0.5 bpp 會比還來的更小。為了提昇較大的負載量，我們採用多重（Multi-layer）嵌入方法，先使用水平的方式分割像素群組，之後，再採用垂直方式分割像素群組，依此類推。舉例來說，有一原始區塊其像素值為圖 11-9(a) 所示，首先，利用水平的切割方式，得到 2 組像素群組：（153, 152）與（151, 150）。又嵌入位元為 01，運用差異擴張法後，可獲得偽裝像素群組（153, 151）與（152, 149），如圖 11-9(b) 所示。接著，將圖 11-9(b) 的結果利用垂直的切割方式，得到 2 組像素群組：（153, 152）與（151, 149）。又嵌入位元為 11，運用差異擴張法後，可獲得偽裝像素群組（154, 151）與（153, 148），如圖 11-9(c) 所示。

圖 **11-9**　多重嵌入法的範例

我們以「Lena」為掩體影像圖，並使用 Tina 的多層嵌入方式其結果，如表 11-2 所示。從表 11-2 可知道，其位元負載量也持續的增加，但影像品質也劇烈的下降中，這個原因是像素間的差異值因 Tina 採用擴張的方式來實現資料嵌入，導致像素間的差異值一直在增大，且增大的幅度是愈來愈大。

表 **11-2**　以「Lena」為圖形去執行文獻裡 **Tina** 的實驗結果

影像品質（PSNR）	44.2	41.55	37.66	34.8	32.51	29.43	23.99	16.47
負載量（bpp）	0.151	0.321	0.460	0.671	0.847	0.992	1.441	1.971

11.2 壓縮域方法

在本節我們將介紹了壓縮域的不失真影像回復方式。壓縮域的處理方式一般以向量量化碼為主。一般而言，在壓縮域中的輸出方式可有產生影像和產生字元（Code Stream）等二種方式。因此，在壓縮域中實現可回復式技術，指的是將嵌入資料後的狀態還原至未嵌入前的狀態。在 VQ 壓縮編碼技術中，有「編碼後產生影像」以及「編碼後產生字元（Code Stream）」二種編碼後的輸出方式。以下，我們將介紹這二種編碼技術。

11.2.1 圖型為導向之向量量化

在介紹前，我們先說明「邊緣吻合向量量化編碼法」（Side Match Vector Quantization; SMVQ）。邊緣吻合向量量化編碼法是利用已知的相鄰區塊來改善 VQ 壓縮比率，其作法就是將一張影像分為多個區塊，其中第一行與第一列的區塊稱為「種子區塊」，其餘的區塊則稱為「剩餘區塊」，如圖 11-10 所示。

圖 11-10　SMVQ 編碼之區塊類型

「種子區塊」的編碼則是利用傳統的 VQ 編碼，從編碼簿中挑選出接最近的編碼字（Codeword）。「剩餘區塊」則從子編碼簿中挑選出最接近的編碼字（Codeword），其中子編碼簿的組成是從編碼簿中由使用者選出一些編碼字（Codeword）並做排序。在進行「剩餘區塊」編碼的時候，會利用鄰近區塊的資訊來當作剩餘區塊的資訊，其區塊的示意圖如圖 11-11 所示。假設對剩餘區塊 (X) 進行編碼，則剩餘區塊 (X) 中的像素值會依照鄰近區的像素值進行預測編碼，即剩餘區塊中 X_1 的預測像素值為 $X_1 = \dfrac{U_{13} + L_4}{2}$，$X_2$ 的預測像素值為 U_{14}，X_3 的預測像素值為 U_{15}，X_4 的預測像素值為 U_{16}，X_6 的預測像素值為 L_8，X_9 的預測像素值為 L_{12}，X_{16} 的預測像素值為 L_{16}。最後，再將此七個預測的像素值 $\{X_1 \cdot X_2 \cdot X_3 \cdot X_4 \cdot X_6 \cdot X_9 \cdot X_{16}\}$ 至子編簿中找尋最接近的編碼字（Codeword），並輸出索引值（Index），此一索引值即為利用 SMVQ 所編碼的結果。

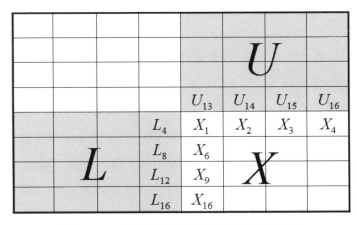

圖 11-11 SMVQ 編碼法之區塊編碼意示圖

接下來我們引用 Yang 等人在 2011 年所提出的方法來說明如何從 VQ 編碼的影像圖執行無失真技術。其概念主要是利用邊緣吻合（Side-match）向量量化編碼方式，從原始編碼簿中切割出多本子編碼簿（Sub-codebook），而每本子編碼簿都有其對映的編碼字，再將訊息透過子編碼簿來做資料嵌入，最後，輸出對映的編碼字。該方法主要分為二個部份，其說明如下：

第一部份為子編碼簿（Sub-codebook）設計。首先，設定每個子編碼簿的大小為 16 個編碼字（Codeword），之後，每個區塊利用邊緣吻合向量量化的方式進行編碼，從原始的編碼簿中挑選 16 個最接近區塊的編碼字（Codeword）放置第一本子編碼簿中，其中所謂「16 個最接近的編碼字」，就是利用歐基里德的方法去計算區塊與原始編碼簿中的每一個編碼字的距離，接著，再從這些計算後的距離中挑選出 16 個最接近的編碼字。之後，再從原始編碼簿剩下的編碼字中再挑選 16 個最接近的編碼字。例如：有一本原始編碼簿的大小為 64 個編碼字所組成，在第一本子編碼簿，已從原始編碼簿 64 的大小編碼字中挑選出了 16 個最接近的編碼字，之後，第二本子編碼簿，就從原始編碼簿剩下的 48(=64-16) 個編碼字中挑再選出了 16 個最接近的編碼字。以此類推，將原始編碼簿劃分為多個內容有 16 個編碼字的子編簿，其中子編簿的個數 $n=$（編碼簿的索引值）/16。

範例 03

有一本具有 512 編碼字的編碼簿，總共可以劃分成 32(32=512/16) 本子編碼簿，即編碼簿 S_0、S_1、S_2、… S_{31}，如圖 11-12 所示，其中子編碼簿 S_0 中的編碼字索引值 44 與子編碼簿 S_1 中的編碼字索引值 43 是相互對映（Mapping）的，其中，所謂「對映」是指在子編碼簿 S_i 中第 n 個編碼字索引值對映到子編碼簿 S_{i+1} 中第 n 個編碼字索引值，舉例來說，編碼字索引值 44 是在子編碼簿 S_0 中的第 7 個編碼字而對映到子編碼簿 S_1 中的第 7 個編碼字索引值為 43；對同的道理，子編碼簿 S_2 中第 2 個編碼字索引值 13 則是對映到子編碼簿 S_3 中的第 2 個編碼字索引值為 15、子編碼簿 S_{30} 中的第 15 個編碼字索引值 73 則是對映到子編碼簿 S_{31} 中的第 15 個編碼字索引值為 85。

圖 11-12　劃分 32 本子編碼簿的範例

第二個部份即進行資料之嵌入程序；其作法就是將資料位元依條件嵌入至剩餘區塊編碼後的索引值屬於子編碼簿 S_0 中，並依照下列的條件，輸出藏完訊息後的索引值：

條件 1：機密訊息為「0」，則輸出子編碼簿 S_0 中索引值。

條件 2：機密訊息為「1」，則輸出子編碼簿 S_1 中索引值。

假如剩餘區塊編碼後其索引值不屬於子編碼簿 S_0 中，則代表此一區塊不隱藏任何訊息，則尋找下一本子編碼簿所對映的編碼字當成輸出索引值，舉例來說：剩餘區塊編碼後其索引值屬於子編碼簿 S_5 中，則輸出子編碼簿 S_6 中所對映的編碼字索引值；相同的道理，若剩餘區塊編碼後其索引值屬於子編碼簿 S_{30} 中，則輸出子編碼簿 S_{31} 中所對映的編碼字索引值。當剩餘區塊編碼後其索引值屬於最後子編碼簿 S_{31} 時，就須要使用額外的資訊來記錄來區別編碼後索引值是屬於原始最末端的子編碼簿，還是從末端的前一本子編碼簿子編碼簿中所對映的，此一額外的資訊就稱為 Hit Pattern。舉例來說，請見圖 11-12，如果有一剩餘區塊編碼後其編碼字索引值 13，而這個編碼字索引值落於子編碼簿 S_2 中，表示此一區塊無法嵌入資料，且輸出在子編碼簿 S_3

中的所對映字索引值,以相同的方式去處理,當所有的剩餘區塊皆已經處理完畢後,並將所有的編碼字索引值輸出成一載體影像。

範例 04

我們將用圖 11-13 的範例來說明。假設有一本大小為 512 的編碼簿,其資料為「01」,與一張具有 12 個區塊的掩護影像,如圖 11-13(a) 所示,其中第一行與第一列為種子區塊(如圖中灰階背景),其餘的區塊則為剩餘區塊。而編碼簿的設計,是由一本原始編碼簿為 512 大小,劃分為 32 本大小為 16 的子編碼簿 S_i,$i=0\sim31$,其結果如圖 11-13(b) 所示。因為此一技術採用邊緣吻合向量量化技術編碼,所以第一行與第一列不進行編碼。若第一個區塊用邊緣吻合技術編碼後編碼字索引值為 13,編碼字索引值落在 S_2 子編碼簿中,且依照資料嵌入規則,我們知道這個區塊無法嵌入資料,且必須找下一本子編碼簿 S_3 中找與編碼字索引值 13 所對映的編碼字索引值當作輸出值,從圖 11-13(b) 中可看出編碼字索引值 13 是子編碼簿 S_2 中第 2 個編碼字,因此,須輸出子編碼簿 S_3 中第 2 個編碼字索引值 15。

第二個區塊用邊緣吻合技術編碼後其編碼字索引值為 44,而這個索引值恰好屬於 S_0 子編碼簿中,因此,依照資料嵌入規則,這個區塊為可以嵌入資料的區塊,又資料位元為「0」,剛好符合嵌入規則的條件 1,則輸出子編碼簿 S_0 中編碼字索引值 44。

接著,第三個區塊用邊緣吻合技術編碼後編碼字索引值為 58,而這個編碼字索引值屬於 S_0 子編碼簿中,因此,這個區塊是可以被嵌入資料,又資料位元為「1」,剛好符合嵌入規則的條件 2,則輸出子編碼簿 S_1 中與編碼字索引值 58 所對映的編碼字索引值 69。

第四個區塊用邊緣吻合技術編碼後,這個編碼字索引值落在 S_{31} 子編碼簿中,也是最後一本子編碼簿,依照資料嵌入規則,我們知道此區塊無法嵌

入資料且會產生額外的資訊以記錄/區分編碼字索引值是屬於原來的編碼字索引值還是經過資料嵌入後所變動後的編碼字索引值。對於編碼字索引值 17 是原本落於最後一本子編碼簿 S_{31}，則輸出原始的編碼字索引值 17 且產生一個位元的額外資訊 Hit Pattern 為「1」。

　　第五個區塊用邊緣吻合技術編碼後，這個編碼字索引值 73 落在子編碼簿 S_{30} 中第 15 個編碼字，依照資料嵌入規則，這是最後一本子編碼簿的前一本，又這個區塊無法嵌入資料與須要額外的資訊，因此，需到子編碼簿 S_{31} 中找出第 15 個編碼字索引值為 85 且需要再產生一個位元的額外資訊 Hit Pattern 為「0」。

　　第六個區塊用邊緣吻合技術編碼後，而這個編碼字索引值落在 S_{31} 子編碼簿中，也因 S_{31} 是最後一本子編碼簿，我們知道這個區塊無法嵌入資料且須要額外的資訊，因此，則輸出原始的編碼字索引值為 85 且產生一個位元的額外資訊 Hit Pattern 為「1」。最後，產生新索引值並輸出成掩體影像，以及產生 3 位元的額外資訊 Hit Pattern 為「101」。

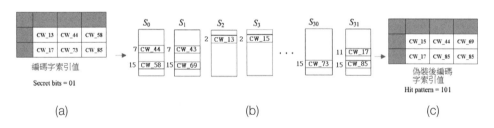

(a)　　　　　　　　　　　　　　　　(b)　　　　　　　　　　　　　　　　(c)

圖 11-13　資訊藏入範例圖

範例 05

　　在取出機密與還原編碼字索引值階段中，其方式與機密訊息嵌入階段方法相同。子編碼簿的設計與資訊嵌入階段相同，將一本原始編碼簿為 512 大小，劃分為 32 本大小為 16 的子編碼簿，如圖 11-13(b) 所示。在解碼與還原

的階段中，第一行與第一列的區塊為種子區塊，故在解碼階段不做作何的操作，唯有在剩餘區塊中才去執行資料的取出與對編碼字索引值做還原操作。

第一個剩餘區塊用邊緣吻合向量量化技術編碼後其編碼字索引值為 15，又此索引值落於子編碼簿 S_3 中第 2 個編碼字，依照資料取出規則，我們知道此一區塊沒有嵌入資料，且須將落在子編碼簿 S_3 中的編碼字索引值還原，而還原的規則，就是到前一本子編碼簿 S_2 中尋找其對映的編碼字索引值，從圖 13(b) 中子編碼簿 S_2 中第 2 個編碼字索引值 13。

第二個剩餘區塊用邊緣吻合向量量化編碼後編碼字索引值為 44，而這個編碼字索引值落在 S_0 子編碼簿中，依照機密訊息取出規則，可取出藏入資料位元「0」，且不用變動，直接輸出編碼字索引值作為還原的編碼字索引值。

第三個剩餘區塊用邊緣吻合向量量化編碼後其編碼字索引值為 69，而這個索引值落在 S_1 子編碼簿中第 15 個編碼字，依照資料取出規則，則可取出嵌入資料位元「1」，並將落在子編碼簿 S_1 中的編碼字索引值還原成子編碼簿 S_0 中尋找其對映的編碼字索引值，從圖 11-13(b) 子編碼簿 S_0 中可找出還原編碼字索引值為 58。

第四個剩餘區塊用邊緣吻合向量量化編碼後編碼字索引值為 17，而這個編碼字索引值剛好落在最後一本 S_{31} 子編碼簿中，依照資料取出規則，代表此一區塊沒有嵌入資料且還須利用額外的資訊 Hit Pattern 來還原其原始索引值，依照資料取出規則，額外的資訊 Hit Pattern 為「1」，則表示編碼字索引值無須做任何的變動直接輸出編碼字索引值作為還原的編碼字索引值。

第五個剩餘區塊用邊緣吻合向量量化編碼後其編碼字索引值為 85，而這個編碼字索引值落在最後一本 S_{31} 子編碼簿中第 15 個編碼字，且額外的資訊 Hit Pattern 為「0」，則表示這個編碼字索引值是由前一本子編碼簿中變動的而來的，因此須從子編碼簿 S_{30} 中尋找其對映的編碼字索引值，從圖 11-13(b) 子編碼簿 S_{30} 中第 15 個編碼字找出還原編碼字索引值為 73。

　　第六個剩餘區塊用邊緣吻合向量量化編碼後其編碼字索引值為 85，而這個編碼字索引值剛好落在最後一本 S_{31} 子編碼簿中，依照資料取出規則，代表此一區塊沒有嵌入資料且還須利用額外的資訊 Hit Pattern 來還原其原始索引值，依照資料取出規則，額外的資訊 Hit Pattern 為「1」，則表示編碼字索引值無須做任何的變動直接輸出編碼字索引值作為還原的編碼字索引值。

　　從表 11-3 中可以看出，每一張掩體影像圖的資料負載量是固定的，唯有載體影像的品質與額外資訊 Hit Pattern 的長度會因為邊緣吻合向量量化技術門檻值（TH）的不同而有所變化。當門檻值（TH）愈小時，則表示在進行子編碼簿的設計時，編碼字會比較集中在較前面的子編碼簿中且愈到後面的子編碼簿中編碼字的差異會變得更大，所以，影像品質會較好但是需較多的額外空間來記錄額外資訊 Hit Pattern。相對的，當門檻值愈大時，則表示在進行子編碼簿的設計時，編碼字的差異會比較平均，所以，影像品質會較差，但是需較少的額外空間來記錄額外資訊 Hit Pattern，因此，當門檻值（TH）愈大時，則額外資訊 Hit Pattern 長度愈小，反之，當門檻值（TH）愈小時，則額外資訊 Hit Pattern 長度愈大，這個現象也剛好跟實驗結果的呈現相呼應。

表 11-3　Yang 等人的實驗結果

		Lena	Baboon	Sailboat	Airplane
$TH=90$	PSNR	31.247	24.302	28.899	29.934
	負載量（Bit）	12665	6242	11624	12395
	Hit Pattern（Bit）	7539	5060	9509	10023
$TH=100$	PSNR	30.953	24.242	28.752	29.689
	負載量（Bit）	12665	6242	11624	12395
	Hit Pattern（Bit）	5862	4442	8407	8870
$TH=150$	PSNR	29.937	23.870	27.863	28.834
	負載量（Bit）	12665	6242	11624	12395
	Hit Pattern（Bit）	2324	2879	3171	6104

11.2.2 「CodeStream」為導向之向量量化

向量量化編碼的另一種型態為輸出一連串的字元，亦稱為 CodeStream。當接收端收到這一串 CodeStream 時，利用相同的編碼簿並解碼後，即可獲得機密的訊息。此部分我們介紹 Lu 等人於 2009 年所發展的向量量化編碼技術，將資料嵌入至編碼字索引值（Index）中。該作法主要包含二個階段：編碼簿的前置處理與資料處理。編碼簿的前置處理是將編碼簿中的編碼字進行排序，並進行向量量化編碼，其前置處理主要的目的是將相近編碼字集中在一起。接著，利用相鄰的編碼字索引值進行資料嵌入處理。

當資料欲嵌入至編碼字索引值時，第一行的編碼字索引值與最左邊列與最右邊列的編碼字索引值皆不考慮處理。換句話說，就是將資料從第二行第二列開始嵌入。在嵌入的過程中，首先，要先找出欲處理的編碼字索引值 I_{curr} 與其 4 個相鄰的編碼字索引值 $(I_l \cdot I_{lu} \cdot I_u \cdot I_{ru})$，並對其 4 個相鄰的編碼字索引值用 2 位元進行編碼當作每一個編碼字索引值的標記（Flag），其結果如圖 11-14 所示。接著，去計算 4 個相鄰的編碼字索引值的平均數 I_m 與 4 個相鄰的編碼字索引值的差異值 $d_l \cdot d_{lu} \cdot d_u \cdot d_{ru}$，其中，$I_m = \lfloor (I_l + I_{lu} + I_u + I_{ru})/4 \rfloor$，$d_l = |I_l - I_m| \cdot d_{lu} = |I_{lu} - I_m| \cdot d_u = |I_u - I_m| \cdot d_{ru} = |I_{ru} - I_m|$。

其次，判斷此 4 個差異值 $(d_l \cdot d_{lu} \cdot d_u \cdot d_{ru})$ 是否皆相同；如果皆相同，則表示 I_{curr} 是無法被用來嵌入資料，並從相鄰的 4 個編碼字索引值中挑選出一個索引值作為一鄰近索引值 I_{clos}，並且輸出 2 個位元的索引值標記；反之，從 4 個差異值挑選出 2 個最小的差異值 $(d_{min} \cdot d_{min2})$，並依據資料來決定鄰近索引值 I_{clos}，若機密訊息為「1」，則鄰近索引值 $I_{clos} = d_{min}$；若資料位元為「0」，則鄰近索引值 $I_{clos} = d_{min2}$。接著計算索引差異值 $dI = (I_{curr} - I_{clos})$，並設定一個整數值 S，來控制輸出 CodeStream 的長度。接著從下列的條件中，挑選出其輸出值 CodeStream 的格式。

若機密訊息為「1」，則

條件 1：$0 \leq dI \leq 2^S - 1$，則輸出的 CodeStream 為「$\text{Flag}^1 \| 11 \| (dI)_2$」。

條件 2：$-(2^S - 1) \leq dI \leq 0$，則輸出的 CodeStream 為「$\text{Flag}^1 \| 10 \| (-dI)_2$」。

條件 3：$dI > 2^S - 1$，則輸出的 CodeStream 為「$\text{Flag}^1 \| 01 \| (dI')_2$」。

條件 4：$dI < -(2^S - 1)$，則輸出的 CodeStream 為「$\text{Flag}^1 \| 00 \| (dI')_2$」。

若機密訊息為「0」，則

條件 5：$0 \leq dI \leq 2^S - 1$，則輸出的 CodeStream 為「$\text{Flag}^2 \| 11 \| (dI)_2$」。

條件 6：$-(2^S - 1) \leq dI \leq 0$，則輸出的 CodeStream 為「$\text{Flag}^2 \| 10 \| (-dI)_2$」。

條件 7：$dI > 2^S - 1$，則輸出的 CodeStream 為「$\text{Flag}^2 \| 01 \| (dI')_2$」。

條件 8：$dI < -(2^S - 1)$，則輸出的 CodeStream 為「$\text{Flag}^2 \| 00 \| (-dI')_2$」。

其中，Flag^1 和 Flag^2 表示二種不一樣的編碼字索引值標記編碼，Flag^1 代表最接近 I_m 的 2 個位元的索引值標記，Flag^2 代表第二接近 I_m 的 2 個位元的索引值標記；$(dI)_2$ 則將 dI 值轉換為二進制的格式；$(dI')_2$ 將 dI 值轉換為二進制的格式，唯一比較特別的是 $(dI')_2$ 轉換二進制後的長度是固定，且其長度大小為 $leng = \lfloor \log_2 N \rfloor$，其中 N 是 Codebook 的大小。

I_{lu} (01)	I_u (10)	I_{ru} (11)
I_l (00)	I_{curr}	

圖 11-14　鄰近編碼字索引值的編碼示意圖

在解碼階段的過程中，CodeStream 扮演著非常重要的角色。當接收方收到 CodeStream 時，從 CodeStream 取出前置的 2 個位元作為判斷索引值標記的資訊，從判斷索引值標記後的結果，就可知悉是否有無資料被嵌入至此。如果沒有，則往後再取出前置的 2 個位元再做判斷；反之，若有，則依照其固定的長度與格式，從後續的 CodeStream 中取出固定的位元數並對這些位元執行解碼動作，即可解出資料。一直重覆這些步驟，當將所有的 CodeStream 解碼後，就可以獲得全部的嵌入資料。

範例 **06**

假設目前處理的 index I_{curr} 為 68，相對應的鄰近索引值分別是 I_l 為 70、I_{lu} 為 71、I_u 為 70、I_{ru} 為 69，如圖 11-15 所示。根據上述描述，首先計算鄰近索引值的平均數 I_m 與 4 個相鄰的編碼字索引值與平均數的差異值 d_l、d_{lu}、d_u、d_{ru}，其中，$I_m = \lfloor (I_l + I_{lu} + I_u + I_{ru})/4 \rfloor = \lfloor (70+71+70+69)/4 \rfloor = 70$，$d_l = |I_l - I_m| = 0$、$d_{lu} = |I_{lu} - I_m| = 1$、$d_u = |I_u - I_m| = 0$、$d_{ru} = |I_{ru} - I_m| = 1$。從差異值來看，每個差異值不完全相同，所以這一個 index 是可以嵌入資料的。假設資料位元為 0 與整數值 $S=2$，我們根據嵌入演算法得知，2 個最小的差異值 $(d_{min}、d_{min2}) = (I_u、I_{lu}) = (0、0)$。我們要使用差異值第二小的索引值 I_{lu} 當鄰近索引值 I_{clos}。接著計算索引差異值 $dI = (I_{curr} - I_{clos}) = (68-71) = -3$，並從條件 5~8 中，挑選符合項目，進行輸出編碼。從條件 5~8 中，範例 6 是屬於條件 6 的，即 $-(2^S-1) \leq dI \leq 0 = -(2^2-1) \leq -3 \leq 0$，所以可輸出 $Flag^2 \| 10 \| (-dI)_2 = (01\ 10\ 11)_2$。

在萃取時，由於解碼過程是從左到右，上到下，所以還是可以先計算出鄰近索引值的平均數 I_m 與 4 個相鄰的編碼字索引值與平均數的差異值 d_l、d_{lu}、d_u、d_{ru}。從 4 個差異值來看，分別為 0、1、0、1，所獲得的四個差異值並非完全相同，表示此 index 是有嵌入資料的，並且知道最小差異的索引值是 I_l 與第二小差異的索引值是 I_{lu}，即 2 個最小的差異值 $(d_{min}、d_{min2}) = (I_u、I_{lu}) = (0、0)$。接下來，由接收到的 $(01\ 10\ 11)_2$，開始進行解碼與回復。根據

前 2 個位元，$(01)_2$，表示為 $Flag^2$，我們可以知道是用第二小差異的索引值是 I_{lu} 來進行編碼的，且資料位元為 0，其中 $I_{clos}=I_{lu}$。接著我們還原 I_{curr} 的部分，首先利用第 3 和第 4 個位元值的 $(10)_2$ 來判別條件，又因為 Flag 為 01，所以根據條件 5~8，我們可以發現此編碼是屬於條件 6。因此我們透過條件 6 即可還原 I_{curr} 為 68，即 $I_{clos}+dI=71+(-(11)_2)=68$。

I_{lu} 71 (01)	I_u 70 (10)	I_{ru} 69 (11)
I_l 70 (00)	I_{curr} 68	

圖 11-15　I_{curr} 鄰近編碼字索引值的編碼

11.3　頻率域方法

　　我們知道影像的格式有很多種，其中有一種稱為「JEPG 影像」，而 JEPG 影像是一種影像失真壓縮的技術，該方法是先將影像採用縮減取樣的方式（Down sampling）來處理顏色的色度，之後再利用離散餘弦（DCT）的技術轉換其頻率係數，接著再將轉換後的頻率係數進行量化（Quantization）動作，最後，再運用霍夫曼編碼（Huffman Coding）技術將相同頻率的係數進行編碼，編碼後為一張 JEPG 影像。然而，在產生一張 JEPG 影像的過程中，量化的動作造成不可逆的結果。如何在量化後的 JEPG 影像中達到回復資訊的技術是一項很困難的挑戰，因此，在 JEPG 影像中談及執行可回復資訊的技術通常是指在量化前的離散餘弦（DCT）轉換，是否可以讓轉換後的

係數達到可回復式資訊嵌入技術。以下我們將介紹以離散餘弦（DCT）為基礎的可回復式資訊偽裝技術。

Chang 等人於 2007 年所提出以離散餘弦為基礎之不失真的影像復原方法，其概念是在探討 JEPG 影像在量化前的離散餘弦（DCT）係數執行。他們的作法是先將一張影像進行縮減取樣的方式，之後，再將取樣的結果切割為 8×8 大小的區塊進行離散餘弦係數的轉換。接著，從這一個 8×8 大小的區塊中挑選最多 9 個中頻係數的區域，而這 9 個中頻係數的區域是要被用來藏入訊息的集合 R_i，$i = 1, 2, ..., 9$ 且每一個的區域集合內有許多中頻係數（每一集合 R 至多有 7 個中頻係數），則 $R_i = (r_{i,1}, r_{i,2}, r_{i,3}, r_{i,4}, r_{i,5}, r_{i,6}, r_{i,7})$，其中挑選中頻係數的規則是從右下開始往左上的方式選擇，如圖 11-16 所示。

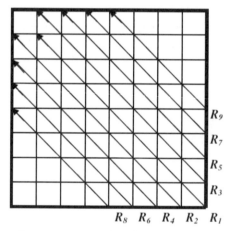

圖 11-16 挑選係數集合的示意圖

接著，再利用挑選中頻係數的規則從右下開始往左上的方式選擇，判斷中頻係數集合 $R_i = (r_{i,1}, r_{i,2}, r_{i,3}, r_{i,4}, r_{i,5}, r_{i,6}, r_{i,7})$ 內的元素「0」的個數，由第一個元素 $r_{i,1}$ 開始是否有超過連續 2 個含以上，如果有，則代表這個中頻係數集合 R_i 可被用來藏入訊息；反之，則表示該中頻係數集合不考慮嵌入訊息。舉例來說：圖 11-17 為一個挑選出中頻係數區域的結果，從圖 11-17 中，可以找出總共有 5 個中頻係數集合 R_i，$i = 1$ 到 5，且 $R_1 = (0, 0, 0, 0, 2, 2, 3)$ 中

頻係數區域有連續 4 個「0」；$R_2 = (0, 0, 1, 0, 0, 0, 3)$ 中頻係數區域有連續 2 個「0」；$R_3 = (0, 2, 0, 0, 2, 4, 2)$ 中頻係數區域有 1 個「0」；$R_4 = (0, 0, 0, 1, 1, 2)$ 中頻係數區域有連續 3 個「0」；$R_5 = (0, 0, 0, 0, 0, 0)$ 中頻係數區域有連續 6 個「0」。接著，將資料嵌入至中頻係數區域超過連續 2 個 0 以上的集合 R_i 中，以這個範例而言，資料將嵌入至集合 R_1、R_2、R_4 和 R_5。另外，$z_{i,1}$ 定義在 R_i 的集合表示中（由右下至左上的係數）最後一個「0」的元素。$z_{i,2}$ 則表示為 R_i 中 $z_{i,1}$ 的前一個元素。舉例來說：承圖 11-17 的範例中，集合 R_1 的 $z_{1,1}$ 為 $r_{1,4} = 0$，$z_{1,2} = r_{1,3} = 0$、集合 R_2 的 $z_{2,1}$ 為 $r_{2,2} = 0$，$z_{2,2} = r_{2,1} = 0$、集合 R_4 的 $z_{4,1}$ 為 $r_{4,3} = 0$，$z_{4,2} = r_{4,2} = 0$、和集合 R_5 的 $z_{5,1}$ 為 $r_{5,6} = 0$，$z_{5,2} = r_{5,5} = 0$。

接著，將資料嵌入到每一個 R_i 中的 $z_{i,2}$，並修改 $z_{i,2}$，修改條件如下所示：

條件 1：資料位元為「0」，則 $z_{i,2} = 0$。

條件 2：資料位元為「1」，則 $z_{i,2} = 1$ 或 -1 是採用隨機方式選擇 1 或 -1。

將所有的 R_i 皆處理完畢後，就表示這個區塊已完成資料的嵌入動作了。將所有區塊執行資料的嵌入後，即告完成嵌入程序了。

圖 11-17 量化係數的範例

在萃取資料與影像復原的階段中，其過程與嵌入階段的前置處理相同，唯在萃取資料時，必須要用 R_i 中的元素 $r_{i,j}$，依照下列的條件取出資料，其取出與中頻係數的還原條件如下所示：

條件 1：$r_{i,j}=1$ 或 -1，機密訊息為 1，且 $z_{i,2}=r_{i,j}$。

條件 2：$r_{i,j}=1$ 或 -1，及 $r_{i,j+1}\neq 0$，及 $r_{i,j-1}=0$，機密訊息為 1，且 $z_{i,2}=r_{i,j-2}$，$j-2\geq 1$。

條件 3：$r_{i,j}=1$ 或 -1，及 $r_{i,j+1}\neq 0$，表示沒有嵌入機密訊息。

條件 4：$r_{i,j}\neq 1$ 或 -1，及 $r_{i,j-1}=0$，及 $r_{i,j-2}=0$，機密訊息為 0，且 $z_{i,2}=r_{i,j-2}$，$j-2\geq 1$。

條件 5：$r_{i,j}\neq 1$ 或 -1，及 $j\leq 2$，表示沒有嵌入機密訊息。

條件 6：$r_{i,j}$ 不存在上述的條件中，則機密訊息為 0，且 $z_{i,2}=r_{i,1}$。

待整個資料皆已取出後，再透過中頻係數 $z_{i,2}$ 來執行中頻係數的復原操作。

範例 **07**

假設有一個 8×8 大小區塊，其中頻係數區域如圖 11-17 所示，且資料為「0011」。首先，從中頻係數中從右下往左上的方式，找出共有 5 個中頻係數區域集合 R_i，$i=1$ 到 5，其中頻係數的內容為 $R_1=(0, 0, 0, 2, 2, 3)$，$R_2=(0, 0, 2, 0, 0, 3)$，$R_3=(0, 2, 0, 0, 2, 4, 2)$，$R_4=(0, 0, 0, 1, 1, 2)$，$R_5=(0, 0, 0, 0, 0, 0)$，如表 11-4 左半部所示。接著，從中頻係數集合 R_i 內的元素「0」的個數，由第一個元素開始是否有超過連續 2 個以上，而在這個範例中，只有 R_3 內元素集合不符合，因此，不須嵌入資料至 R_3 集合中。

接著，將資料嵌入至中頻係數集合 R_i = { R_1, R_2, R_4, R_5} 中，並找出每個中頻係數集合的係數 $z_{i,2}$，其中 R_1 的 $z_{i,2}$ 為 $r_{1,3}$，R_2 的 $z_{i,2}$ 為 $r_{2,1}$，R_4 的 $z_{i,2}$ 為 $r_{4,2}$，R_5 的 $z_{i,2}$ 為 $r_{5,5}$。

依演算法，資料是嵌入到每一個中頻係數集合 R_i 中的 $z_{i,2}$，並修改 $z_{i,2}$ 中頻係數值。以 R_1 的而言，資料位元為「0」，又根據嵌入條件 1，則無須修改 $z_{1,2}$=$r_{1,3}$ 的中頻係數值，所以 R_1=(0, 0,「0」, 0, 2, 2, 3)。以 R_2 的而言，資料位元為「0」，又根據嵌入條件 1，則無須修改 $z_{2,2}$=$r_{2,1}$ 的中頻係數值，所以 R_2=(「0」, 0, 2, 0, 0, 0, 3)。以 R_4 的而言，資料位元為「1」，又根據嵌入條件 2，則須將 $z_{4,2}$=$r_{4,2}$ 的中頻係數值修改為 1（此數值為隨機方式所產生的），其修改後的中頻係數集合為 R_4=(0, 1, 0, 1, 1, 2)。以 R_5 的而言，機密訊息為「1」，又根據機密資訊嵌入條件 2，則須將 $z_{5,2}$=$r_{5,5}$ 的中頻係數值修改為 1（此數值為隨機方式所產生的），其修改後的中頻係數集合為 R_5=(0, 0, 0, 0, 1, 0)。其中最後的結果如圖 11-18 所示。註：在圖 11-18 中，背景有顏色的中頻係數，表示該係數為有嵌入資料，而圖中的粗體字，則表示嵌入後，所修改的係數值。

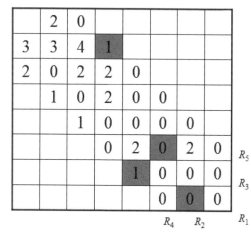

圖 11-18 嵌入訊息後的結果

表 11-4　圖 11-17 的中頻係數集合與嵌入資料之相關資料

集合	元素個數	$(r_{i,1}, r_{i,2}, r_{i,3}, r_{i,4}, \cdots)$	$z_{i,2}$	資料位元	嵌入後 $(r'_{i,1}, r'_{i,2}, r'_{i,3}, r'_{i,4}, \cdots)$
R_1	7	(0, 0, 0, 0, 2, 2, 3)	$r_{1,3}$	0	(0, 0, 0, 0, 2, 2, 3)
R_2	7	(0, 0, 2, 0, 0, 0, 3)	$r_{2,1}$	0	(0, 0, 2, 0, 0, 0, 3)
R_3	7	(0, 2, 0, 0, 2, 4, 2)	N/A	N/A	(0, 2, 0, 0, 2, 4, 2)
R_4	6	(0, 0, 0, 1, 1, 2)	$r_{4,2}$	1	(0, 1, 0, 1, 1, 2)
R_5	6	(0, 0, 0, 0, 0, 0)	$r_{5,5}$	1	(0, 0, 0, 0, 1, 0)

承上例，以下說明如何取出資料與還原其中頻係數值。

範例 **08**

假設已知中頻係數區域，如圖 11-18 所示，首先，從中頻係數中從右下往左上的方式，找出共有 5 個中頻係數區域集合 R_i，$i = 1$ 到 5，其中頻係數的內容為 $R_1 = (0, 0, 0, 0, 2, 2, 3)$，$R_2 = (0, 0, 2, 0, 0, 0, 3)$，$R_3 = (0, 2, 0, 0, 2, 4, 2)$，$R_4 = (0, 1, 0, 1, 1, 2)$，$R_5 = (0, 0, 0, 0, 1, 0)$。再從中頻係數集合 R_i 內的元素中，從左至右找出非「0」的元素，並將此一個非「0」的元素設定為 $r_{i,j}$ 以及往前找出二個元素 $(r_{i,j-1}, r_{i,j-2})$。以 R_1 集合為例，非「0」的元素為 $r_{i,j} = r_{1,5}$，$(r_{i,j-1}, r_{i,j-2}) = (r_{1,4}, r_{1,3})$；$R_2$ 集合的 $r_{i,j} = r_{2,3}$，$(r_{i,j-1}, r_{i,j-2}) = (r_{2,2}, r_{2,1})$；$R_3$ 集合的 $r_{i,j} = r_{3,2}$，$(r_{i,j-1}, r_{i,j-2}) = (r_{3,1}, \text{N/A})$；$R_4$ 集合的 $r_{i,j} = r_{4,2}$，$(r_{i,j-1}, r_{i,j-2}) = (r_{4,1}, \text{N/A})$；$R_5$ 集合的 $r_{i,j} = r_{5,5}$，$(r_{i,j-1}, r_{i,j-2}) = (r_{5,4}, r_{5,3})$。

接著，根據上述的三個元素 $(r_{i,j}, r_{i,j-1}, r_{i,j-2})$ 與額外元素 $(r_{i,j}+_1)$（此一個元素只適用在條件 2 與條件 3），並利用資料取出條件讀出資料與還原 $z_{i,2}$ 中頻係數值。在中頻係數集合 R_1 中，依據集合中的每一個中頻係數值 $r_{i,j}$，執行資料取出條件的判斷。又中頻係數集合 R_1 符合條件 4，即 $r'_{1,5} = 2$ 及 $r_{i,j-1} = r'_{1,4} = 0$，$r_{i,j-2} = r'_{1,3} = 0$，則可取出資料位元為「0」及將 $z_{i,2}$ 設定為 $r'_{1,3} = r_{i,j-2}$。在中頻係數集合 R_2 中，依據相同的方法執行資料取出條件的判斷，而中頻

係數集合 R_2 符合條件 4，即 $r'_{2,3}=2$ 及 $r_{i,j-1}=r'_{2,2}=0$，$r_{i,j-2}=r'_{2,1}=0$，則可取出資料位元為「0」及將 $z_{i,2}$ 設定為 $r'_{2,1}=r_{i,j-2}$。中頻係數集合 R_3 皆沒有符合任何條件，因為 $r'_{3,2}=2$ 及 $r_{i,j-1}=r'_{3,1}=0$，$r_{i,j-2}=$N/A，則表示此一集合沒有被嵌入訊息。中頻係數集合 R_4 中，依據相同的方法執行資料取出條件的判斷，而中頻係數集合 R_4 符合條件 1，即 $r'_{4,2}=1$ 及 $r_{i,j}+_1=r'_{4,3}=0$，則可取出資料位元為「1」及將 $z_{i,2}$ 設定為 $r'_{4,2}=r_{i,j}$。中頻係數集合 R_5 中，依據相同的方法執行資料取出條件的判斷，而中頻係數集合 R_5 符合條件 1，即 $r'_{5,5}=1$ 及 $r_{i,j}+_1=r'_{5,6}=0$，則可取出資料位元為「1」及將 $z_{i,2}$ 設定為 $r'_{5,5}=r_{i,j}$，最後，再將每一個中頻係數區域集合 R_i 中的 $z_{i,2}$ 中頻係數值，全部皆設定為 0，即完成了資料的取出與中頻係數值的還原階段，其詳細資訊如表 11-5 所示。

表 11-5　萃取資料後之相關的資料

集合	元素個數	$(r'_{i,1}, r'_{i,2}, r'_{i,3}, r'_{i,4},\dots)$	$z_{i,2}$	資料位元
R_1	7	$(0, 0, 0, 0, 2, 2, 3)$	$r'_{1,3}$	0
R_2	7	$(0, 0, 2, 0, 0, 0, 3)$	$r'_{2,1}$	0
R_3	7	$(0, 2, 0, 0, 2, 4, 2)$	N/A	N/A
R_4	6	$(0, 1, 0, 1, 1, 2)$	$r'_{4,2}$	1
R_5	6	$(0, 0, 0, 0, 1, 0)$	$r'_{5,5}$	1

此一方法的資料負載量受限於中頻係數集合的個數，因此當中頻係數集合個數愈少時，資料負載量會變少，如表 11-6 所示。相對的，載體的影像品質會變的更好（因為嵌入量少，係數的改變量也會變少，因此提昇了影像品質），如表 11-7 所示。就以資料負載量觀點來看這個方法最大的負量度為 0.141bpp，由於嵌入量並不多，因此，要追求高資料負載量的技術發展，應該從空間域的觀點著手，因為空間域是最直接的處理方式。而壓縮域與頻率域皆需要再經過某些轉換，可用的資訊相對地比空間域的方式來還得少，所以，其資料負載度會比空間域還差。

表 11-6　載體的資料負載量

實驗影像	嵌入位元數（Bit）								
	1	2	3	4	5	6	7	8	9
Lena	4096	8192	12288	16384	20479	24529	28626	32721	36861
Baboon	4096	8192	12288	16380	20474	24570	28647	32607	36094
Boat	4096	8192	12288	16370	20433	24529	28625	32721	36817
Airplane	4096	8192	12288	16384	20479	24529	28671	32766	36852

表 11-7　載體影像品質

實驗影像	嵌入位元數（Bit）								
	1	2	3	4	5	6	7	8	9
Lena	38.55	34.93	32.91	31.77	29.65	29.24	28.84	28.55	28.13
Baboon	34.84	30.75	29.01	28.25	27.20	26.32	25.68	24.99	24.22
Boat	38.77	35.08	32.70	31.33	29.35	28.90	28.45	28.01	27.49
Airplane	38.68	35.21	33.10	31.97	29.73	29.22	28.81	28.37	27.73

11.4 結語

　　不失真的回復原影像通常被應用在軍事地圖與醫學影像中。在本章中，介紹不同領域（空間域、頻率域、壓縮域）下的不失真回復技術，其主要目的都是將嵌入後的載體，還原到最初最原始的掩體狀態。讓掩體不僅只是拿來當作載體使用，掩體亦能透過載體取出資料後，還能保留掩體的價值。但在這當中，現今壓縮域裡的 VQ 壓縮編碼技術只能回到掩體被量化後的狀態，盼未來能有所突破，讓壓縮域裡的 VQ 壓縮編碼技術可以回到最初最原始的掩體狀態。

問題與討論

1. 說明有那些不失真的影像復原機制所使用的資料格式種類。

2. 寫出差異值擴展法的概念，並衡量其資料負載量。

3. 陳述統計直方圖如何得以不失真的復原影像的概念。

4. 說明如何以統計直方圖為基礎來提升資料負載量。

5. 說明一個如何以壓縮域為基礎進行不失真影像復原。

MEMO

CHAPTER

12

加密影像偽裝技術

導讀 >

> 多媒體可經由網際網路來傳遞內容給接收者，但是，網際網路為一種公
> 開的傳遞通道，任何人可以在公開的網路上檢視與下載傳遞的內容。明
> 文（指沒有加密過的內容）容易被任何人所查覺，而加密過後的內容較
> 不容易被第三者所查覺，本章要探討的影像加密的重點，影像經過加密
> 的處理後，來提升網際網路傳遞的安全性。

前言

　　影像處理技術迄今已歷經數十年的時間，從早期的資訊隱藏技術是以保
護機密訊息為目的，並不考慮掩護影像的內容，因此，在經過機密訊息的嵌
入與萃取後，破壞了原始掩護影像的內容。後來，因應特殊應用的需求，如
醫療影像或合法文件，造就了可逆式資訊隱藏的誕生。不論資訊隱藏技術或
是可逆式隱藏技術，這些技術所產生的掩護影像，雖然無法察覺機密訊息為
何，但還是可以從人類視覺系統知道影像內容。為了讓掩護影像不輕易的讓
第三者知道影像內容，影像加密技術是一種最好的方式。在此章節中，我們
將以加密影像為出發點，探討在影像上的加密技術，接著，再探討如何將加
密技術應用在資訊偽裝技術中。

12.1 影像加密技術

在介紹影像加密技術前，先瞭解什麼是「加密（Encryption）」。所謂「加密」就是把原始資料（稱明文）利用數學演算法的方法來進行特殊的編碼，而編碼後的結果（稱密文）只有特殊的對象才能知道如何讀取，圖 12-1 則顯示出加密的流程圖。

圖 12-1　加密流程圖

現今加密演算法有許多不同的加密 / 編碼方式，可依照不同的原始資料來選擇不同的加密演算法。舉例來說：假若有一連串的文字訊息要被加密，加密演算法就可以選擇 DES（Data Encryption Standard；資料加密標準）、AES（Advanced Encryption Standard；進階加密標準）、ECC（Elliptic Curve Cryptography；橢圓曲線密碼學）或其他密碼系統技術等。但是這些加密演算法太過於複雜及需花費較多的運算時間，比較不適合於數位影像方面，且有些加密演算法會更動到加密過後的資料形態，儘管如此，仍有部份學者因考量加密演算法的強韌性而採用之。數位影像比較適合運算時間較短，因為影像還需要再歷經其他的處理，諸如：資訊隱藏。如果，加密時間過長，讓影像經過加密與訊息嵌入，會花費更多的時間在資料的運算處理上，造成影像在傳輸上會有產生延遲的情況。以下將介紹一般較常用於數位影像的加密技術。又數位影像的顯示格式有許多種類，例如：空間域、頻率域、或壓縮域，在本章中，數位影像以空間域的技術來描述。

12.1.1 位元加密技術

在空間域的概念中，數位影像最基本的單位就是一個像素（Pixel）。像素若以灰階的表達方式來呈現，則每個像素數值可表示為 0 ～ 255，它可用 8 個位元（bits）來表示。例如一灰階影像圖中的像素值為 172，其二進制位元可表示為：

$$\mathbf{10101100}_{(2)}$$

二進制位元的加密方式利用邏輯運算中之互斥或（exclusive or; XOR）邏輯運算來實現位元加密，表 12-1 顯示互斥或邏輯閘之運算結果。互斥或邏輯閘具有簡單與快速運算的特性，且只要再執行一次的互斥或邏輯閘運算，就可以回覆到最原始的狀態。因此常被應用於需要快速加密與解密的需求上，但是，加密演算法的安全性與複雜性則相對於 DES、AES 等加密系統還來得低與簡單。

表 12-1　互斥或（XOR）運算表

A	B	A ⊕ B
0	0	0
0	1	1
1	0	1
1	1	0

範例 **01**

在灰階影像中，有一個像素值為 136，且二元秘密金鑰為 $10101100_{(2)}$。首先將像素值轉換為二進制，$136 = 10001000_{(2)}$，再把二元像素值與二元金鑰進行互斥或邏輯閘運算，其運算如下：

$$\mathbf{10001000}_{(2)} \quad \text{二元像素值}$$

$$\oplus \quad \mathbf{10101100}_{(2)} \quad \text{二元金鑰}$$

$$= \mathbf{00100100}_{(2)} \quad \text{加密結果}$$

$00100100_{(2)}$ 為運算後的結果，它是經過秘密金鑰加密後的結果，將二進制轉換成十進制，$00100100_{(2)} = 36_{(10)}$。數值 36 則為加密像素值。倘若，對加密後的像素值進行解密操作，只要擁有相同的秘密金鑰，再進行一次的互斥或邏輯閘運算，就可以獲取原始的像素值。

從上述的例子中，灰階影像中的每一個像素值，經過和秘密金鑰進行互斥或邏輯閘運算後，即可獲得加密影像。在加密的過程中，所有的像素值可使用一把秘密金鑰進行互斥或邏輯閘運算，唯一的缺點就是加密的安全性偏弱，只要嘗試 2^8 次就可以猜出秘密金鑰了。因此，為了提升安全性，在實務上的應用則使用每一個像素值搭配一把秘密金鑰，故要猜出真正的秘密金鑰就微乎其微了。舉例來說：如果有 10 個像素要被加密，每一個像素各自有它的秘密金鑰，因此，如果要猜到 10 個像素的秘密金鑰，就必須猜出 2^{18} 次 $(= (2^8)^{10})$ 才能獲得全部的秘密金鑰。圖 12-2 為使用 F16 灰階影像來進行位元加密之實驗模擬。

(a)F16 原始影像　　　　　　　　　　　　　(b) 加密影像

圖 12-2　位元加密實驗

12.1.2　位元組加密技術

　　位元組加密技術與位元加密技術方法類似，但位元組加密技術不需要再將經過像素位元的轉換，只要將像素值與秘密金鑰進行運算後就可獲得加密結果。而在位元組的加密技術中，它利用了模（Mod）運算，其加密方程式如下所示：

$$CP_i = (P_i + SK_i)\text{Mod }N \qquad (1)$$

　　其中，P_i 為原始像素值，CP_i 為加密後的像素值，SK_i 是秘密金鑰，N 為一個大數值。在加密的過程中，所有的像素值可使用同一把秘密金鑰進行模運算，但安全性偏低；因此，在實務上仍以一個像素值使用一把秘密金鑰來增加其安全性。

　　在公式 (1) 中，加密演算法的安全性決定於 N 的數值。如果，N 的數字為 2^{10}，要猜測出秘密金鑰 SK_i 的可能性就很低。又 N 的數字太大，加密

影像會無法正確的顯示;因此,以灰階影像為基礎,N 會選擇像素的最大值 256。在經過 256 的模(Mod)運算後,所獲得的結果為 0~255 之間,恰巧是灰階像素值的像素分佈區間。換句話說,如果 N 選擇 1024,經過模(Mod)運算後,所獲得的結果為 0~1023 之間,灰階像素的最大值 255,超過 255 的數值,即 256~1023,就無法使用灰階度來顯示。

範例 02

假設在灰階影像中,有一個像素值 P 為 150,秘密金鑰 SK 為 330,且 N 為 256。接著,使用公式 (1) 就可以獲得加密影像 CP 值:

$$CP = (P + SK) \text{ Mod } N = (150 + 330) \text{ Mod } 256 = 224$$

在解密的過程中,仍需使用秘密金鑰 SK 才能正確的計算出原始的像素值。假設有一個加密像素值 CP 為 224,秘密金鑰 SK 為 330,且 N 為 256。接著,使用公式 (1) 反向計算就可以獲得原始影像 P 值:

$$P = (CP - SK) \text{ Mod } N = (224 - 330) \text{ Mod } 256 = 150$$

從上述的例子中,灰階影像中的每一個像素值,經過和秘密金鑰進行模(Mod)運算後,即可獲得加密影像。在加密的過程中,所有的像素值可使用一把秘密金鑰進行模(Mod)運算,當然,在實務的應用上可使用每一個像素值搭配一把秘密金鑰,故要猜出所有的秘密金鑰就更加困難了。

12.2 略縮圖加密技術

略縮圖(Thumbnail)原為一種影像處理技術,此技術就是把原始影像以等比例的方式來縮小影像。略縮圖除了具備節省影像儲存空間的優點之外,還有一個特性就是從略縮圖中容易辨識影像的輪廓內容,因此,略縮圖

技術常常被應用在影像檢索中。倘若將略縮圖以等比例的方式來放大影像，即可獲得原始影像的內容，對於原始影像內容的保護力，毫無安全性可言。因此，Marohn 等人在 2017 年提出一種略縮圖保留加密技術（Thumbnail preserving encryption; TPE），如圖 12-3 所示。

(a) 原始圖像

(b) 加密後的略縮圖

圖 12-3　略縮圖加密

略縮圖保留加密技術的目的就是讓加密後的影像保有跟原始影像某種程度的相似性，即加密影像在經過略縮圖處理後，其略縮圖的效果會與原始影像的縮圖相似。又因影像加密後，不僅不會洩漏略縮圖以外的資訊，又能保護原始影像的內容。

Marohn 等人的影像加密流程如圖 12-4 所示。他們的方法將原始影像切割成許多區塊，以區塊的方式進行區塊加密，然後再把加密後的影像，以等比例的縮小方式產生略縮圖。在區塊加密的過程中，首先會根據略縮圖的效果來選擇區塊的大小。舉例來說，倘若產生較模糊的略縮圖效果，會選擇較大的區塊；反之，若希望產生較清晰的略縮圖效果，則必需選擇較小區塊。因為大區塊涵蓋的影像範圍比較廣泛，經過影像加密後，會把邊緣區域及平滑區域混在一起，而讓邊緣區域不再有邊緣輪廓的特性。

接著，對每一個區塊中的像素值挑選出二個像素 (P_i)，即最小像素值和最大像素值。計算最大像素值和最小像素值之差異，做為區塊內每個像素的加密區間 $(ER = log_2 \lfloor MAX(P_i) - Min(P_i) \rfloor)$。然後，保留最大像素和最小像素前

半段相同的位元 ((8-*ER*)-bits)，提取每個像素的後半部分位元（ER-bits）與秘密金鑰利用互斥或（XOR）運算方式來加密像素。範例 3 將介紹如何對略縮圖中一個區塊進行區塊加密。

原始影像　　　　加密影像

影像　切割　　　像素　加密

B(1,1)	B(1,2)	B(1,3)	...	B(1,*w*)
B(2,1)	B(2,2)	B(2,3)	...	B(2, *w*)
B(3,1)	B(3,2)	B(3,3)	...	B(1, *w*)
⋮	⋮	⋮	⋮	⋮
B(*h*,1)	B(*h*,2)	B(*h*,3)	...	B(*h*, *w*)

多個不重疊區塊　　　　在每區塊中挑選2個像素(最大像素及最小像素)

圖 12-4　Marohn 等人的影像加密流程

範例 **03**

假設有一秘密金鑰 Keystream 為 101010 與一灰階影像區塊，如圖 12-5(a) 所示。從區塊中找出像素最大值 128 及像素最小值 63，即圖 12-5(b)。然後，透過最大像素值和最小像素值來計算加密區間 *ER*，計算方式如下：

$$ER = log_2 \lfloor MAX(P_i) - Min(P_i) \rfloor$$
$$= log_2 \lfloor 128 - 63 \rfloor$$
$$= log_2 \lfloor 65 \rfloor = 6$$

接著，利用互取代的方式將秘密金鑰資訊代替每個像素的後半部分位元（ER-bits）。舉例來說，第一個像素值為 128，接著，轉換成二進制為 1000 0000$_{(2)}$。將秘密金鑰 Keystream＝101010 與像素的後半部分 6 個位元（ER-bits）進行互斥或（XOR）運算，即得到 1010 1010$_{(2)}$，此為加密後的結果。最後，轉成十進制像素值 170 為加密像素值。第二個像素值為 110，接著，轉換成二進制為 0110 1110$_{(2)}$。將秘密金鑰 Keystream＝101010 與像素的後半部分 6 個位元（ER-bits）進行互斥或（XOR）運算，即得到 0101 0100$_{(2)}$，此為加密後的結果。最後，轉成十進制像素值 84 為加密像素值。以此方式類推，將區塊內的所有像素先轉換成二進制格式（如圖 12-5(c) 所示），再以密金鑰 Keystream 的資訊與像素的後半部分 ER-bits 進行互斥或（XOR）運算來代替每個像素的 ER-bits（如圖 12-5(d) 所示）。最後，將所有像素以十進制的方式呈現加密像素值（如圖 12-5(e) 所示）。

128	110	86
120	100	70
90	80	63

(a) 原始像素值

128	110	86
120	100	70
90	80	**63**

(b) 選出最大及最小像素值

1000 0000	0110 1110	0101 0110
0111 1000	0110 0100	0100 0110
0101 1010	0101 0000	0011 0000

(c) 將像素值轉換二進制位元

1010 1010	0101 0100	0111 1100
0101 0010	0100 1110	0110 1100
0111 0000	0111 1010	0001 0101

(d) 位元加密結果

170	84	124
82	78	108
112	122	21

(e) 加密後的像素值

圖 12-5　Marohn 等人的影像加密範例

Marohn 等人的影像加密技術經過區塊加密後，最大值與最小值仍維持著，意指加密前與加密後的像素最大值與最小值的順序是不變。在解密

的流程中，只要從區塊中找出像素值中的最大值與最小值，找出加密區間
（ER），即可瞭解每個像素中的後半部分 ER-bits 是被用來加密的。最後，再
運用秘密金鑰 Keystream 與像素的後半部分 ER-bits 進行互斥或（XOR）運
算即可還原像素。

　　雖然略縮圖加密技術可以保護原始像素資訊，不易被第三者所知道，但
是此技術仍需有改善的空間：(1) 安全性：Marohn 等人的技術是一個區塊使
用一把秘密金鑰，為了增加像素的安全性，可替換成每一個像素使用單一把
秘密金鑰；(2) 資訊隱藏：Marohn 等人所提出略縮圖加密技術是採用最不重
要位元取代法（LSB）來嵌入資訊，但最不重要位元取代法雖然可以完整的
取出嵌入資訊，但是無法將像素回覆到最始的狀態，因此，在下節中將探討
如何在加密影像中，可以完整的取出嵌入資訊及如何實現可回復式（lossless/
reversible）資訊隱藏技術。

12.3 加密影像－有損式

　　一般來說，影像處理之資料格式可分區為空間域、頻率域與壓縮域。
就以目前加密影像上之研究仍以空間域為主。在加密影像的研究中，可區
分為三種角色（如圖 12-6 所示），即影像擁有者（Image Owner）、資訊嵌
入者（Data hider）及影像接收者（Image Receiver）。影像擁有者（Image
Owner）則利用加密技術將原始影像變成加密影像，其中，加密技術為上述
的加密方法；資訊嵌入者（Data hider）則重要訊息隱藏至加密影像；影像接
收者（Image Receiver）從加密影像中萃取重要訊息，及使用解密技術將影像
回復成原始影像。以下我們將探討如何在空間域下操作加密影像與資訊偽裝
技術。

圖 12-6　加密影像技術中的三種角色

　　「在加密影像中實現可回復式資訊偽裝技術」之概念是 Zhang 學者於 2011 年所提出，其概念為利用位元與互斥或運算來加密影像，並使用翻轉不同群組之最不重要位元來嵌入機密訊息。他們的方法，首先將影像中每一個像素轉換成二進制位元，再與加密金鑰進行位元互斥或（XOR）運算以獲得加密影像。接著，再將加密影像分割成多個不重疊的區塊，再針對每一個加密區塊進行機密訊息的掩護。

　　執行訊息的嵌入之前，需再使用一把金鑰將區塊內的像素均勻的分配成 2 個群組（即 S_0 和 S_1）。並依照下列的條件嵌入機密訊息：

條件 1：當機密訊息為「0」：

　　　S_0 群組中的所有像素值，其像素的 3-LSB 進行位元翻轉。

條件 2：當機密訊息為「1」：

　　　S_1 群組中的所有像素值，其像素的 3-LSB 進行位元翻轉。

註：所謂「位元翻轉」是指將位元由 0 → 1 或 1 → 0。

　　當所有的區塊皆處理完畢後，即完成了機密訊息隱藏的步驟。在影像解密的過程中，只要使用加密金鑰進行位元互斥或（XOR）運算就能獲得解密

影像。解碼與還原的過程，除了在解碼過程中須知道區塊內分佈像素的金鑰之外，機密訊息萃取則利用條件 1 和條件 2 來評估機密訊息。

範例 04

假設有一個掩護區塊如圖 12-7(a) 所示，一把隨機像素分群的金鑰，其像素分群結果如圖 12-7(b) 所示，及嵌入資料為「01」。首先，將圖 12-7(a) 中的所有像素與一把秘密金鑰所產生的加密位元字串進行互斥或運算，獲得像素加密結果，如圖 12-7(c) 所示。用圖 12-7(b) 隨機分群金鑰將像素分成 $S_0 = \{42, 82, 112, 140\}$ 和 $S_1 = \{53, 80, 83, 103, 120\}$ 二群。擷取嵌入資訊「0」，則將 S_0 群組中的所有像素值，其像素的 3-LSB 進行位元翻轉，翻轉後即為具機密訊息之加密影像如圖 12-7(d) 所示，其翻轉過程如下：

3-LSB 翻轉

$42 = 0010\ 1010_{(2)}$ ⇨ $0010\ 1\mathbf{101}_{(2)} = 45$

$82 = 0101\ 0010_{(2)}$ ⇨ $0101\ 0\mathbf{101}_{(2)} = 85$

$112 = 0111\ 0000_{(2)}$ ⇨ $0111\ 0\mathbf{111}_{(2)} = 119$

$140 = 1000\ 1100_{(2)}$ ⇨ $1000\ 1\mathbf{011}_{(2)} = 139$

20	30	40
20	30	40
20	30	40

(a) 原始像素值

S1	S0	S0
S0	S1	S1
S1	S0	S1

(b) 像素分群結果

53	42	82
140	80	103
120	112	83

(c) 影像加密結果

53	**45**	**85**
139	80	103
120	**119**	83

(d) 具機密訊息之加密影像

圖 12-7 影像加密範例

雖然 Zhang 學者所提出之加密技術可以實現影像解密、資訊萃取、與影像還原，但是此技術仍需有改善的空間：(1) 資訊隱藏量：因 Zhang 學者所提出的資訊隱藏技術是每一個區塊只能嵌入 1 個位元（bit），因此，倘若區塊大小逐漸增大，相對的，資訊隱藏量也會逐漸變少；(2) 影像還原正確率：資訊萃取與影像還原技術是利用鄰近像素的特性與及條件 1 和條件 2 的嵌入機密訊息方式來判斷機密訊息及影像還原。若區塊太小，會因像素的特性不顯著，而無法正確的萃取資訊。一般而言，區塊的大小需超過 32×32 以上才能正確的萃取資訊及無失真的還原像素。當然，在往後的研究中，亦皆發現這些關鍵因素，且進行改進以提昇資料負載量度。

12.4 加密影像—無損式

可回復式資訊偽裝技術是指在任何的情況下，嵌入的資訊可以完整的被取出，及掩護的像素可以完全的被回復到最原始的狀態。目前許多學者以區塊為發展基礎，對區塊內的像素進行處理，例如：Zhang 學者將區塊內的像素分成 2 個群組再進行資訊隱藏。Agrawal 學者和 Kumar 學者在 2017 年提出了以區塊中像素平均數為基礎的加密影像技術。他們的方法，首先將影像中切割成多個不重疊的區塊，每一個區塊有 $n \times m$ 個像素，其像素值為 P_i，並計算區塊所有像素的平均數（$Avg = (\sum_{i=1}^{n \times m} P_i) / n \times m$）。將區塊中第一個像素用平均數（$Avg$）來取代。接著，利用金鑰產生一串加密資訊，和區塊中的像素進行位元組的加密，以獲得加密影像素值 EP_i，其中，為了避免像素無法還原，所以，區塊的第一個像素值不去執行影像加密，維持平均數（Avg）值，也不做任何的嵌入操作。

在執行訊息嵌入時,每一個區塊僅能嵌入 1 個位元(bit),區塊中的每一個像素對依照下列的條件嵌入機密訊息:

條件 1:當機密訊息 S_i 為「0」,則區塊內所有的像素值不變。

條件 2:當機密訊息 S_i 為「1」,則區塊內所有的像素值向右移位 1 個單位。

當所有的像素值處理完畢後,即完成了一個區塊的機密訊息隱藏的步驟,將所有區塊執行機密訊息隱藏後,即可獲得具機密訊息之加密影像。在解碼與還原的過程,這個方法一定要先執行影像解密運算,如果不先執行解密運算,在計算區塊的平均數時,就會因隨機變數的因素,而產生不正確的平均數。接者,計算區塊所有像素的平均數 NB,並利用下列的判斷式來解碼機密訊息 S_i,並回復區塊內的所有像素值,最後,再利用第一個像素值所記錄的區塊像素平均數來還原第一個像素值。

$$NB \in (\frac{(n \times m) + 1}{n \times m} \times Avg - \frac{(n \times m) - 1}{n \times m}, \frac{(n \times m) + 1}{n \times m} \times Avg), \text{ If } S_i = 0$$

$$NB \in (\frac{(n \times m) + 1}{n \times m} \times Avg, \frac{(n \times m) + 1}{n \times m} \times Avg + \frac{(n \times m) + 1}{n \times m}), \text{ If } S_i = 1$$

範例 05

假設有一個掩護區塊,區塊內有 256 個像素,其像素值如圖 12-8(a) 所示,一把隨機金鑰 R_1 所產生的隨機數值如圖 12-8(b) 所示,及嵌入資料為「1」。首先,計算區塊所有像素的平均數,平均數為 $116.32 (= \Sigma_{i=1}^{256} P_i / 256)$,並將平均數值填入區塊中第一個像素值,如圖 12-8(c) 所示。接著,將所有的像素與圖 12-8(b) 的隨機數值進行位元組加密,產生加密結果,如圖 12-8(d) 所示。加密的過程,以第 2 個像素 P_2 為例,其像素值為 110 和隨機數值為 55,加密後像素值 EP_2 為 $165 (= (P_2 + R_2) \text{ Mod } 256 = (110 + 55) \text{ Mod } 256)$。

再以第 256 個像素以像素 P_{256} 為例，其像素值為 112 和隨機數值為 192，加密後像素值 EP_{256} 為 $48(=(P_2+R_2) \text{ Mod } 256=(112+192) \text{ Mod } 256)$。

在執行訊息嵌入時，先擷取 1 個位元的機密訊息 S_i，對區塊內的所有像素（除了第一個像素之外）執行下列的機密訊息嵌入，嵌入方式如下：

$$EP'_i=EP_i+S_i, \forall i=2,...,256$$

在此範例，機密訊息 S_1 為 1，第 2 個加密後像素值 EP_2 為例，其像素值為 165，加密像素經過訊息偽裝後得到新的加密後像素值 EP'_2 為 $166(=EP_2+S_1=165+1)$。再以第 3 個加密後像素值 EP_3 為例，其像素值為 50，加密像素經過訊息偽裝後得到新的加密後像素值 EP'_3 為 $51(=EP_3+S_1=50+1)$。以相同的方式，將 S_1 嵌入至區塊內所有的像素中，即可獲得新的加密後像素值 EP'_i，$i=2, ..., 256$，如圖 12-8(e) 所示。

在資訊萃取與影像還原的過程，首先，先將加密影像進行解密，解密的運算方式則使用圖 12-8(e) 和圖 12-8(b) 隨機數值進行位元組解密，產生解密結果如圖 12-8(f) 所示。解密的過程，以第 2 個像素 EP_2 為例，其加密像素值為 165 和隨機數值為 55，解密後像素值 P_2 為 $110(=(EP_2-R_2) \text{ Mod } 256=(165-55) \text{ Mod } 256)$。以第 256 個像素 EP_{256} 為例，其加密像素值為 48 和隨機數值為 192，解密後像素值 P_{256} 為 $112(=(EP_2-R_2) \text{ Mod } 256=(48-192) \text{ Mod } 256)$。

接者，計算解密後區塊中所有像素的平均數 NB，平均數為 117.47 $(=\Sigma_{i=1}^{256} P_i/256)$。利用平均數 NB 來判斷與解碼機密訊息，判斷式計算如下所示：

條件 1：$S_i = 0$

$$\text{NB} \in (\frac{(n \times m) + 1}{n \times m} \times Avg - \frac{(n \times m) - 1}{n \times m}, \frac{(n \times m) + 1}{n \times m} \times Avg$$

$$\rightarrow \text{NB} \in (\frac{257}{256} \times 116.32 - \frac{255}{256}, \frac{257}{256} \times 116.32$$

$$\rightarrow \text{NB} \in (115.77, 116.77)$$

條件 2：$S_i = 1$

$$\text{NB} \in (\frac{(n \times m) + 1}{n \times m} \times Avg, \frac{(n \times m) + 1}{n \times m} \times Avg + \frac{(n \times m) + 1}{n \times m}$$

$$\rightarrow \text{NB} \in (\frac{257}{256} \times 116.32, \frac{257}{256} \times 116.32 + \frac{255}{256}$$

$$\rightarrow \text{NB} \in (116.77, 117.77)$$

從上述的條件中，可以得知區塊的平均數 NB 為 117.47，符合條件 2，即嵌入的機密訊息 S_1 為 1。對區塊內的所有像素（除了第一個像素之外）執行下列的像素回復，回復方式如下：

$$P'_i = P_i - S_i，\forall i = 2, ..., 256$$

以第 2 個像素值 P_2 為例，其像素值為 111，經過訊息萃取後，回復原始像素值 P'_2 為 $110 (= P_2 - S_1 = 111 - 1)$。再以第 3 個像素值 P_3 為例，其像素值為 101，經過訊息萃取後，回復原始像素值 P'_3 為 $100 (= P_3 - S_1 = 101 - 1)$。以相同的方式，將所有的像素回復原始的像素值，如圖 12-8(g) 所示。最後，使用像素的平均數來還原第一個像素值，還原方式如下：

$$P_1 = \text{round}(Avg \times 256 - \Sigma_{i=2}^{256} P_i)$$

1	82
2	110
3	100
⋮	⋮
254	84
255	20
256	112

(a) 原始像素值

1	30
2	55
3	206
⋮	⋮
254	120
255	97
256	192

(b) 機密金鑰所產生
的隨機數值

1	**116.32**
2	110
3	100
⋮	⋮
254	84
255	20
256	112

(c) 用平均數來取代
第一個像素值

1	**116.32**
2	165
3	50
⋮	⋮
254	204
255	117
256	48

(d) 影像加密結果

1	**116.32**
2	166
3	51
⋮	⋮
254	205
255	118
256	49

(e) 具機密訊息之加
密影像

1	**116.32**
2	111
3	101
⋮	⋮
254	85
255	21
256	113

(f) 影像解後密結果
（具機密訊息）

1	**116.32**
2	110
3	100
⋮	⋮
254	84
255	20
256	112

(g) 機密訊息萃取及
像素還原

圖 12-8　影像加密範例

12.5 結語

　　影像加密技術與不失真的回復原影像技術，都有其應用的範疇。就像是不失真的回復原影像通常被應用在軍事地圖與醫學影像，而影像加密技術則被應用於雲端影像檢索與影像防護。近年來，已經有許多學者將加密影像與不失真的回復原影像技術相結合，且有許多新穎的技術一直持續被發展，我們建議讀者在了解新的技術時，應該先從最簡單與最基本的技術為出發點，從瞭解基本的技術後，進而再去深入了解新的技術。在本章中，我們介紹了不同的影像加密技術，及如何在加密影像中實現可回復式資訊隱藏技術，我們也透過範例的操作，讓讀者可以更清楚了解整體技術的操作。

問題與討論

1. 說明有那些加密機制適合於一般影像。

2. 利用 Python 語言寫出位元加密與位元組加密之影像加密程式。

3. 陳述略縮圖所使用之影像加密的概念。

4. 說明如何以 Zhang 學者的加密技術為基礎來提升資料負載量。

讀者回函

讀者回函

感謝您購買本公司出版的書，您的意見對我們非常重要！由於您寶貴的建議，我們才得以不斷地推陳出新，繼續出版更實用、精緻的圖書。因此，請填妥下列資料(也可直接貼上名片)，寄回本公司(免貼郵票)，您將不定期收到最新的圖書資料！

購買書號：　　　　　**書名：**

姓　　　名：＿＿＿＿＿＿＿＿＿＿＿＿＿＿＿＿＿＿＿

職　　　業：□上班族　　　□教師　　　□學生　　　□工程師　　　□其它

學　　　歷：□研究所　　　□大學　　　□專科　　　□高中職　　　□其它

年　　　齡：□10~20　　　□20~30　　　□30~40　　　□40~50　　　□50~

單　　　位：＿＿＿＿＿＿＿＿＿＿＿＿＿　部門科系：＿＿＿＿＿＿＿＿＿

職　　　稱：＿＿＿＿＿＿＿＿＿＿＿＿＿　聯絡電話：＿＿＿＿＿＿＿＿＿

電子郵件：＿＿＿＿＿＿＿＿＿＿＿＿＿＿＿＿＿＿＿＿＿＿＿＿＿

通訊住址：□□□ ＿＿＿＿＿＿＿＿＿＿＿＿＿＿＿＿＿＿＿＿＿＿
＿＿＿＿＿＿＿＿＿＿＿＿＿＿＿＿＿＿＿＿＿＿＿＿＿＿＿＿＿＿＿

您從何處購買此書：

□書局＿＿＿＿＿　□電腦店＿＿＿＿＿　□展覽＿＿＿＿＿　□其他

您覺得本書的品質：

內容方面：　□很好　　　　□好　　　　□尚可　　　　□差

排版方面：　□很好　　　　□好　　　　□尚可　　　　□差

印刷方面：　□很好　　　　□好　　　　□尚可　　　　□差

紙張方面：　□很好　　　　□好　　　　□尚可　　　　□差

您最喜歡本書的地方：＿＿＿＿＿＿＿＿＿＿＿＿＿＿＿＿＿＿＿＿＿＿

您最不喜歡本書的地方：＿＿＿＿＿＿＿＿＿＿＿＿＿＿＿＿＿＿＿＿

假如請您對本書評分，您會給(0~100分)：＿＿＿＿＿＿　分

您最希望我們出版那些電腦書籍：

請將您對本書的意見告訴我們：

您有寫作的點子嗎？□無　　□有　　專長領域：＿＿＿＿＿＿＿＿＿

廣　告　回　函
台灣北區郵政管理局登記證
北台字第 4 6 4 7 號
印 刷 品 ・ 免 貼 郵 票

221

博碩文化股份有限公司　產品部

新北市汐止區新台五路一段 112 號 10 樓 A 棟

如何購買博碩書籍

全 省書局

請至全省各大書局、連鎖書店、電腦書專賣店直接選購。

（書店地圖可至博碩文化網站查詢，若遇書店架上缺書，可向書店申請代訂）

信 用卡及劃撥訂單（優惠折扣 85 折，未滿 1,000 元請加運費 80 元）

請於劃撥單備註欄註明欲購之書名、數量、金額、運費，劃撥至

帳號：17484299　戶名：博碩文化股份有限公司，並將收據及

訂購人連絡方式傳真至 (02) 26962867。

線 上訂購

請連線至「博碩文化網站 http://www.drmaster.com.tw」，於網站上查詢

優惠折扣訊息並訂購即可。

股市消息滿天飛，多空訊息如何判讀？

看到利多消息就進場，你接到的是金條還是刀？

消息面是基本面的溫度計

更是籌碼面的照妖鏡

不當擦鞋童，就從了解消息面開始

民眾財經網用AI幫您過濾多空訊息

用聲量看股票

讓量化的消息面數據讓您快速掌握股市風向

掃描QR Code加入「聲量看股票」LINE官方帳號

獲得最新股市消息面數據資訊

民眾新聞網

民眾日報從1950年代開始發行紙本報,隨科技的進步,逐漸轉型為網路媒體。2020年更自行研發「眾聲大數據」人工智慧系統,為廣大投資人提供有別於傳統財經新聞的聲量資訊。為提供讀者更友善的使用流覽體驗,2021年9月全新官網上線,也將導入更多具互動性的資訊內容。

為服務廣大的讀者,新聞同步聯播於YAHOO新聞網、LINE TODAY、PCHOME 新聞網、HINET新聞網、品觀點等平台。

民眾網關注台灣民眾關心的大小事,從民眾的角度出發,報導民眾關心的事。反映國政輿情,聚焦財經熱點,堅持與網路上的鄉民,與馬路上的市民站在一起。

歡迎訪問民眾網:https://www.mypeoplevol.co